essentials

essentials liefern aktuelles Wissen in konzentrierter Form. Die Essenz dessen, worauf es als „State-of-the-Art" in der gegenwärtigen Fachdiskussion oder in der Praxis ankommt. *essentials* informieren schnell, unkompliziert und verständlich

- als Einführung in ein aktuelles Thema aus Ihrem Fachgebiet
- als Einstieg in ein für Sie noch unbekanntes Themenfeld
- als Einblick, um zum Thema mitreden zu können

Die Bücher in elektronischer und gedruckter Form bringen das Fachwissen von Springerautor*innen kompakt zur Darstellung. Sie sind besonders für die Nutzung als eBook auf Tablet-PCs, eBook-Readern und Smartphones geeignet. *essentials* sind Wissensbausteine aus den Wirtschafts-, Sozial- und Geisteswissenschaften, aus Technik und Naturwissenschaften sowie aus Medizin, Psychologie und Gesundheitsberufen. Von renommierten Autor*innen aller Springer-Verlagsmarken.

Susanne Schindler-Tschirner ·
Werner Schindler

Mathematische Geschichten VII – Extremwerte, Modulo und Beweise

Für begabte Schülerinnen und Schüler in der Oberstufe

Susanne Schindler-Tschirner
Sinzig, Deutschland

Werner Schindler
Sinzig, Deutschland

ISSN 2197-6708 ISSN 2197-6716 (electronic)
essentials
ISBN 978-3-662-67847-3 ISBN 978-3-662-67848-0 (eBook)
https://doi.org/10.1007/978-3-662-67848-0

Die Deutsche Nationalbibliothek verzeichnet diese Publikation in der Deutschen Nationalbibliografie; detaillierte bibliografische Daten sind im Internet über http://dnb.d-nb.de abrufbar.

Planung/Lektorat: Iris Ruhmann
Springer Spektrum ist ein Imprint der eingetragenen Gesellschaft Springer-Verlag GmbH, DE und ist ein Teil von Springer Nature.
Die Anschrift der Gesellschaft ist: Heidelberger Platz 3, 14197 Berlin, Germany

Was Sie in diesem *essential* finden können

- Lerneinheiten in Geschichten
- Vollständige Induktion, Schubfachprinzip
- Invarianzprinzip, Extremalprinzip
- lineare Kongruenzen, square & multiply-Algorithmus
- Satz von Euler, Eulersche φ-Funktion
- Ungleichungen, Extremwertaufgaben
- Beweise
- Musterlösungen

Vorwort

Die Bände I bis VI der „Mathematischen Geschichten" (Schindler-Tschirner & Schindler, 2019a, b, 2021a, b, 2022a, b) waren auf mathematisch begabte Schülerinnen und Schüler der Grundschule (Klassenstufen 3 und 4), der Unterstufe (Klassenstufen 5 bis 7) und der Mittelstufe (Klassenstufen 8 bis 10) zugeschnitten. Nicht nur der Schwierigkeitsgrad der Aufgaben, sondern auch der Erzählkontext hat sich dabei stetig weiterentwickelt und der Reife der Schülerinnen und Schüler angepasst. Die „Mathematischen Geschichten" I–VI können auch von Schülerinnen und Schülern mit Gewinn bearbeitet werden, die älter als die jeweils avisierte Zielgruppe sind.

Dieses *essential* und Band VIII der „Mathematischen Geschichten" (Schindler-Tschirner & Schindler, 2023b) bilden den Abschluss der „Mathematischen Geschichten". Sie sprechen folgerichtig mathematisch begabte Schülerinnen und Schüler in der Oberstufe an.

Wir haben uns entschieden, die Konzeption und Ausgestaltung der bisher erschienenen Bände fortzuführen. In sechs Aufgabenkapiteln werden mathematische Techniken motiviert und erarbeitet und zum Lösen einfacher wie anspruchsvoller Aufgaben angewandt. Weitere sechs Kapitel enthalten vollständige Musterlösungen und Ausblicke über den Tellerrand.

Auch mit diesem *essential* möchten wir einen Beitrag leisten, Interesse und Freude an der Mathematik zu wecken und mathematische Begabungen zu fördern.

Sinzig
im September 2023

Susanne Schindler-Tschirner
Werner Schindler

Inhaltsverzeichnis

Einführung 1

Die „Mathematischen Geschichten“ stehen vor ihrem Abschluss! In diesem *essential* und im Folgeband (Schindler-Tschirner & Schindler, 2023b) können Oberstufenschülerinnen und -schüler die Protagonisten Anna und Bernd weiterhin auf ihrem Weg begleiten. Die bewährte Struktur der Vorgängerbände wurde beibehalten: Sechs Aufgabenkapiteln folgen sechs Musterlösungskapitel, die auch didaktische Anregungen und Ausblicke enthalten und mathematische Zielsetzungen ansprechen. Beide *essentials* richten sich an Leiterinnen und Leiter[1] von Arbeitsgemeinschaften, Lernzirkeln und Förderkursen für mathematisch begabte Schülerinnen und Schüler der Oberstufe sowie von Schüler-Matheclubs, die vermehrt an Universitäten angeboten werden. Auch Lehrkräfte, die differenzierenden Mathematikunterricht praktizieren, Lehramtsstudierende und engagierte Eltern für eine außerschulische Förderung gehören zur Zielgruppe. Im Aufgabenteil wird der Leser mit „du“, in den Musterlösungen mit „Sie“ angesprochen.

1.1 Mathematische Ziele

Dieses *essential* und der Folgeband (Schindler-Tschirner & Schindler, 2023b) schließen sich in Aufbau und Konzeption den „Mathematischen Geschichten“ I–VI (Schindler-Tschirner & Schindler, 2019a, b, 2021a, b, 2022a, b) an, die unsere Protagonisten Anna und Bernd und damit auch die Schüler von der Grundschule durch die Unter- und Mittelstufe begleitet haben. In der Grundschule wurden die Aufgaben bewusst in eine Geschichte eingebettet, um die Schüler altersgerecht an die

[1] Um umständliche Formulierungen zu vermeiden, wird im Folgenden meist nur die maskuline Form verwendet. Dies betrifft Begriffe wie Lehrer, Kursleiter, Schüler etc. Gemeint sind jedoch immer alle Geschlechter.

S. Schindler-Tschirner und W. Schindler, *Mathematische Geschichten VII – Extremwerte, Modulo und Beweise*, essentials,
https://doi.org/10.1007/978-3-662-67848-0_1

Aufgaben heranzuführen. In der Unter- und Mittelstufe hat sich der Erzählkontext mit Anna und Bernd weiterentwickelt, die inzwischen selbst in der MaRT Mentoraufgaben übernommen haben. Um der Zielgruppe gerecht zu werden, wurde in den Oberstufenbänden der Geschichtenanteil in den Aufgabenkapiteln reduziert. Allerdings bleibt wie in den Vorgängerbänden III–VI ein alter MaRT-Fall das zentrale Element jedes Kapitels.

Dringlichkeit und Notwendigkeit der Begabtenförderung wurden im Förderprogramm (Kultusministerkonferenz, 2015) herausgestellt, das von der Kultusministerkonferenz (KMK) im Jahr 2015 mit einen Zeithorizont von 10 Jahren aufgelegt wurde. Der Sammelband (Schiemann, 2009) spricht viele verschiedene Facetten der Mathematikförderung an. Im Vorwort betont die Herausgeberin „Mein Wunsch ist es, dass noch mehr mathematikbegabte Schülerinnen und Schüler in ganz Deutschland eine ihrem Potential entsprechende, motivierende Betreuung, Begleitung und Förderung erhalten." Das TUMKolleg der TU München (TUM) fördert begabte Schülerinnen und Schüler in der Oberstufe. (Möhringer, 2019, S. 23) stellt heraus, dass „Ein wesentliches Motiv zur Einrichtung des TUMKollegs auf Seiten der TUM die Überzeugung [war], MINT-Förderung an der Schnittstelle zwischen Gymnasium und Universität modellhaft durchführen zu können und damit einen Beitrag zu leisten, wissenschaftlichen Nachwuchs im MINT-Bereich zu generieren." Interessante und nützliche Informationen und Erfahrungsberichte zum Frühstudium findet man z. B. in (Telekomstiftung, 2011). Wie ihre Vorgängerbände gehen beide *essentials* nicht weiter auf allgemeine didaktische Überlegungen und Theorien zur Begabtenförderung ein. Das Literaturverzeichnis enthält aber für den interessierten Leser wieder eine Auswahl einschlägiger didaktikorientierter Publikationen.

Das Arbeiten mit diesem *essential* verlangt keine besonderen Schulbücher. Die Schüler lernen in diesem *essential* und in den „Mathematischen Geschichten VIII" neue mathematische Methoden und Techniken kennen und anzuwenden, und einige Techniken aus den Vorgängerbänden werden vertieft. Dies geschieht in vielseitigen und sorgfältig ausgearbeiteten Lerneinheiten. Das durchgängige Element aller acht *essential*-Bände ist das Führen von Beweisen, was in der Mathematik von zentraler Bedeutung ist. Zu allen Kapiteln gibt es vollständige Musterlösungen mit didaktischen Anregungen.

Bislang waren die Bände in aller Regel „self-contained". Dieser Anspruch kann in diesem *essential* nicht überall aufrecht erhalten werden, weil dies sonst den Umfang des Buches gesprengt hätte oder nur wenig neuer Stoff möglich gewesen wäre. Dies trifft vor allem auf Kap. 4 zu. Es ist die Aufgabe des Kursleiters, etwaige Wissenslücken zu schließen oder „Vergessenes" aufzufrischen. In den Musterlösungen wird hierauf hingewiesen und Hilfestellung gegeben.

Die Autoren standen vor der Herausforderung, anspruchsvolle Aufgaben für Oberstufenschüler zu stellen. Es erschien wenig sinnvoll, nur thematisch erweiterten Oberstufenstoff zu behandeln, da die Schüler die beiden *essentials* dann erst zum Ende ihrer Oberstufenzeit bearbeiten könnten. Stattdessen haben wir uns in diesem *essential* im Wesentlichen darauf beschränkt, Aufgaben und Techniken aus der Analysis zu integrieren. Auch wenn in zwei Kapiteln faktisch Universitätsstoff behandelt wird, handelt es sich nicht um ein systematisches Universitätslehrbuch „light". Das oberste Ziel besteht auch in diesem *essential* darin, das mathematische Denken der Schüler zu fördern und das selbstständige Herangehen an unbekannte Aufgabenstellungen zu schulen. Große Teile des behandelten Stoffs, insbesondere einige der universellen Beweistechniken und bestimmte Ungleichungstypen, werden üblicherweise weder im Schulunterricht noch in der universitären Ausbildung systematisch behandelt, wenngleich sie sich in vielen mathematischen Gebieten als sehr nützlich erweisen.

Typische Aufgaben aus Schulbüchern können von leistungsstarken Schülern normalerweise ohne größere Anstrengung gelöst werden. Im ungünstigsten Fall kann diese Art der Unterforderung zu Langeweile und Desinteresse am Fach Mathematik führen. Die Aufgaben in diesem *essential* sind viel anspruchsvoller, was Motivation und Herausforderung zugleich bedeutet. Die Lösung der gestellten Aufgaben erfordert ein hohes Maß an mathematischer Phantasie und Kreativität. Beides wird durch die regelmäßige Beschäftigung mit mathematischen Problemen gefördert. Dabei kommt dem Wiedererkennen bekannter Strukturen und Sachverhalte (auch in modifizierter Form) und dem Transfer bekannter Strukturen große Bedeutung zu siehe auch (Zehnder 2022, S. 134–139). Die Schüler werden in den Aufgabenkapiteln noch mehr als in den Vorgängerbänden hingeführt, die Lösungen möglichst selbstständig zu erarbeiten. Dennoch bleibt eine gezielte Hilfestellung durch den Kursleiter wichtig. Neben den mathematischen Fähigkeiten fördert die Beschäftigung mit den Aufgaben so wichtige „Softskills" wie Geduld, Ausdauer und Zähigkeit, aber auch Neugier und Konzentrationsfähigkeit. Die Aufgaben sollen bei den Schülern die Freude am Problemlösen wecken bzw. steigern und das strukturelle mathematische Denken fördern, wobei letzteres eine noch größere Rolle spielt als in den Vorgängerbänden.

Das zentrale Element aller Aufgabenkapitel ist ein „alter MaRT-Fall". Dabei steht das Acronym „MaRT" für „Mathematische Rettungstruppe". Alte MaRT-Fälle sind normalerweise relativ schwierige (Realwelt-)probleme, die neue mathematische Techniken benötigen und motivieren, die dann im jeweiligen Kapitel eingeführt werden. Die alten MaRT-Fälle werden meist erst gegen Ende des Kapitels gelöst, nachdem die Schüler die neuen Methoden zunächst an einfacheren Beispielen eingeübt und vertieft haben. Kap. 2 und 3 behandeln universelle Beweistechniken, die in unterschiedlichen mathematischen Gebieten Anwendung finden. Wegen ihrer herausragenden Bedeutung wurden das Schubfachprinzip und die vollständige Induktion erneut aufgegriffen und vertieft.[2] Neu hinzugekommen sind das Invarianz- und das Extremalprinzip. Die vollständige Induktion wird vor allem auf Fragestellungen aus der Analysis angewendet; ansonsten wurde Wert darauf gelegt, die Vielfalt möglicher Anwendungsgebiete aufzuzeigen. Die Modulo-Rechnung hat in den „Mathematischen Geschichten" schon eine lange Tradition.[3] In Kap. 4 wird die Lösbarkeit linearer Kongruenzen untersucht, und die Schüler lernen den square & multiply-Algorithmus kennen. Kap. 5 befasst sich vor allem mit der Eulerschen φ-Funktion und dem Satz von Euler. Die Kap. 6 und 7 widmen sich Ungleichungen, einem Gebiet, das im Schulunterricht nur geringen Raum einnimmt. Kap. 6 wiederholt die GM-AM-QM-Ungleichungen und wendet sie auf schwierigere Extremalprobleme als in den „Mathematischen Geschichten VI" an, und es führt Beweistechniken aus der Analysis ein. In Kap. 7 lernen die Schüler die Rearrangement-Ungleichung und die Cauchy-Schwarz-Ungleichung kennen und anzuwenden, wobei letztere in sehr vielen mathematischen Gebieten auftritt.

In Tab. II.1 findet der Leser eine Zusammenstellung, welche mathematischen Techniken in den einzelnen Kapiteln eingeführt werden. In den Musterlösungen bieten die „Mathematischen Ziele und Ausblicke" einen Blick über den Tellerrand hinaus.

Die zeitliche Nähe zum Studium macht die nachhaltige Förderung der mathematischen Fähigkeiten noch wichtiger als in den Vorgängerbänden. Es wurde bereits erwähnt, dass die Aufgaben darüber hinaus auch Softskills wie Geduld, Ausdauer und Zähigkeit fördern, die für nachhaltigen Erfolg in der Mathematik unverzichtbar sind. Dies betrifft auch ein späteres Studium im MINT-Bereich.

Wie auch mit den Vorgängerbände kann auch mit diesem *essential* gezielt zur Vorbereitung auf Wettbewerbe gearbeitet werden. Dies betrifft zum einen die erlernten mathematischen Methoden und Techniken, aber auch die Aufgaben, in denen diese Techniken Anwendung finden. Wir möchten mathematisch begabte Oberstufenschüler ausdrücklich ermutigen, an Mathematik-Wettbewerben teilzunehmen. Vor allem die jährlich stattfindende Mathematikolympiade mit klassenstufenspezifischen Aufgaben (Mathematik-Olympiaden e. V., 1996–2022) und der Bundeswettbewerb Mathematik (Specht et al., 2020) spielen eine herausragende Rolle. Die Österreichische Mathematik-Olympiaden (Baron et al., 2019) bieten ebenfalls viele Anregungen, und insbesondere auch auf dem Gebiet der Ungleichungen. In den Musterlösungen weisen die „Ausblicke" auch auf Mathematikwettbewerbe hin.

---

[2] vgl. Schindler-Tschirner & Schindler (2021a, 2022a).

[3] vgl. Schindler-Tschirner & Schindler (2019b, 2021b, 2022b).

In (Löh et al., 2019) und (Meier, 2003) liegt der Schwerpunkt auf dem Erlernen neuer mathematischer Methoden, aber auch auf dem Lösen konkreter Aufgaben. Für die Schüler ist auch die Beschäftigung mit Monoid (Institut für Mathematik der Johannes-Gutenberg Universität Mainz, 1981–2023) äußerst nützlich. Monoid ist eine Mathematikzeitschrift für Schülerinnen und Schüler, die neben Aufgaben (für die Klassenstufen 5–8 und 9–13) schülergerechte Aufsätze zu mathematischen Themen enthält. Für die Oberstufe bietet die „Die Wurzel – Zeitschrift für Mathematik" (Wurzel – Verein zur Förderung der Mathematik an Schulen und Universitäten e. V., 1967–2023) ebenfalls interessanten Lesestoff; vgl. hierzu auch (Blinne et al. 2017).

Die Literaturliste enthält ferner verschiedene Werke, die einen Übergang von der Schule zum MINT-Studium an der Universität unterstützen; vgl. z. B. (Bartholomé et al., 2010), (Bauer, 2013) und (Hilgert et al., 2021). Außerdem decken einige Bücher im Literaturverzeichnis Universitätsstoff des ersten Semesters ab. Diese Bücher sind auch für MINT-Studenten geeignet.

Es entspricht unserer Erfahrung, dass Schulen, die ihre Schüler durch AGs oder andere Initiativen fördern, bei überregionalen Mathematik-Wettbewerben ab der Mittelstufe mit überproportional vielen Teilnehmern vertreten sind. Als ehemaligen Stipendiaten der Studienstiftung des deutschen Volkes liegt uns Begabtenförderung besonders am Herzen. Wir möchten auch mit unseren beiden neuen *essential*-Bänden die Begabtenförderung unterstützen, Freude und Begeisterung an der Mathematik wecken und fördern und den Blick für die Schönheit und Bedeutung der Mathematik öffnen.

1.2 Didaktische Anmerkungen

Teil I dieses *essentials* besteht aus sechs Aufgabenkapiteln, in denen die beiden Protagonisten Anna und Bernd, jetzt selbst MaRT-Mentorin bzw. MaRT-Mentor, die Schüler unterrichten. Dies geschieht in Erzählform, normalerweise im Dialog mit den Schülern und natürlich durch die gestellten Übungsaufgaben.

Teil II besteht aus sechs Kapiteln mit vollständigen Musterlösungen der Aufgaben aus Teil I samt didaktischen Hinweisen und Anregungen zur Umsetzung in einer Begabten-AG, einem Lernzirkel oder für eine individuelle Förderung. Primär sind die Musterlösungen für den Kursleiter etc. bestimmt, jedoch dürften auch leistungsstarke Oberstufenschüler in der Lage sein, die Musterlösungen zu verstehen und damit zumindest einzelne Teile des *essentials* selbstständig zu erarbeiten. Am Ende der Musterlösungskapitel findet der Leser in den Abschnitten „Mathematische Ziele und Ausblicke" Hintergrundinformationen und Hinweise auf Anwendungsgebiete der gerade erlernten mathematischen Techniken.

Wie in den Vorgängerbänden sei auch an dieser Stelle darauf hingewiesen, dass selbst von sehr leistungsstarken Schülern keineswegs erwartet wird, dass sie alle Aufgaben selbstständig lösen können. Es ist sehr wichtig, dass dies den Schülern von Anfang an klar ist. Auch die Schüler von Anna und Bernd benötigen gelegentlich einen Lösungshinweis. Es kann hilfreich sein, schwierige Aufgaben in kleinen Gruppen zu bearbeiten. Dies erhöht einerseits die Teamfähigkeit und bereitet die Schüler auf das Studium vor, wo sich auch häufig Studierende zu Lerngruppen zusammenfinden. Kursleiter sollten die Leistungsfähigkeit potentieller AG-Teilnehmer realistisch einschätzen, da eine dauerhafte Überforderung sicher nicht zum gewünschten Ziel führt.

Innerhalb der Kapitel steigen der Schwierigkeitsgrad und das Anspruchsniveau der Aufgaben normalerweise an. Die Schüler sollten versuchen, die Aufgaben möglichst selbstständig (gegebenenfalls mit Hilfestellung) zu lösen und damit ihr eigenes Lerntempo individuell festzulegen. Die Notwendigkeit der unterschiedlichen Lerngeschwindigkeiten ergibt sich auch daraus, dass dieses *essential* mehr als die Vorgängerbände bestimmte mathematische Techniken als bekannt (und bei den Schülern als präsent) voraussetzt. Eventuell müssen einige Schüler dies erst einmal (mit Unterstützung des Kursleiters) nacharbeiten. Es kann hilfreich sein, wenn der Kursleiter die erforderlichen Grundlagen zunächst mit einfachen Übungsaufgaben kurz wiederholt bzw. neu einführt. Es liegt im Ermessen des Kursleiters, Aufgaben wegzulassen, eigene Aufgaben hinzuzufügen und Aufgaben individuell zuzuweisen. Der Kursleiter kann den Schwierigkeitsgrad somit in einem gewissen Umfang beeinflussen und der Leistungsfähigkeit seiner Kursteilnehmer anpassen. Dem Erfassen und Verstehen der Lösungen durch die Schüler sollte in jedem Fall Vorrang vor dem Ziel eingeräumt werden, im Kurs möglichst alle Aufgaben zu bearbeiten.

Der Kursleiter sollte die Schüler auch beim Verfolgen alternativer Lösungsansätze unterstützen, die nicht in den Musterlösungen erklärt werden, da für viele mathematische Probleme unterschiedliche Lösungswege existieren. Den Schülern sollte die Scheu genommen werden, eigene Ideen auszuprobieren. In der Mathematik können selbst erfolglose Lösungsansätze nützliche Erkenntnisse liefern, wenn sie zu einem tieferen Verständnis der Problemstellung führen.

Die einzelnen Kapitel dürften in der Regel zwei oder drei Kurstreffen erfordern. Jeder Schüler sollte regelmäßig die Gelegenheit erhalten, seine Lösungsansätze bzw. seine Lösungen vor den anderen Teilnehmern zu präsentieren. Dadurch wird nicht nur die eigene Lösungsstrategie nochmals reflektiert, sondern auch so wichtige Kompetenzen wie eine klare Darstellung der eigenen Überlegungen und mathematisches Argumentieren und Beweisen geübt. Ebenso kann das nachvollziehbare schriftliche Darstellen einer Lösung geübt werden, eine Kompetenz, die auch in

MINT-Studiengängen von Bedeutung ist. Eine erste Beschreibung kann im zweiten Schritt (gemeinsam) sorgfältig durchgegangen, präzisiert und gestrafft werden, bis nur noch die relevanten Schritte in der richtigen Reihenfolge nachvollziehbar beschrieben werden. Auch wird in Mathematikwettbewerben wie z. B. dem Bundeswettbewerb Mathematik die Fähigkeit erwartet, Lösungswege nachvollziehbar, klar strukturiert und lückenlos darstellen. zu können. Dies fällt erfahrungsgemäß vielen Schülern, aber auch Studierenden am Anfang des Studiums schwer.

1.3 Der Erzählrahmen

In den ‚Club der begeisterten jungen Mathematikerinnen und Mathematiker‘, oder kurz CBJMM, darf man laut Clubsatzung erst eintreten, wenn man mindestens die fünfte Klasse besucht. Nur einmal wurde eine Ausnahme gemacht, als Anna und Bernd aufgenommen wurden, obwohl sie damals erst in der dritten Klasse waren. Allerdings mussten sie zunächst eine Aufnahmeprüfung bestehen. In den Mathematischen Geschichten I und II (Schindler-Tschirner & Schindler, 2019a, b) haben sie dem Clubmaskottchen des CBJMM, dem Zauberlehrling Clemens, in zwölf Kapiteln geholfen, mathematische Abenteuer zu bestehen, um an begehrte Zauberutensilien zu gelangen.

Innerhalb des CBJMM gibt es eine „Mathematische Rettungstruppe“, kurz MaRT, die Aufträge übernimmt, um Hilfesuchenden bei wichtigen und schwierigen mathematischen Problemen zu helfen. In die MaRT werden nur besonders gute und erfahrene Mitglieder des CBJMM aufgenommen, was aber eigentlich erst ab Klasse sieben möglich ist. Anna und Bernd wurden ausnahmsweise in die MaRT aufgenommen, als sie die fünfte Klasse besuchten. Dazu mussten sie in den Mathematischen Geschichten III und IV (Schindler-Tschirner & Schindler, 2021a, b) erneut eine Aufnahmeprüfung bestehen. In den einzelnen Kapiteln gaben verschiedene Mentorinnen und Mentoren Anleitung und Hilfestellungen. Mentorinnen und Mentoren sind erfahrene Mitglieder der MaRT.

Nachdem Anna und Bernd mehrere Jahre in der MaRT waren, haben sie sich in den Mathematischen Geschichten V und VI (Schindler-Tschirner & Schindler, 2022a, b) als MaRT-Mentorin bzw. MaRT-Mentor qualifiziert, indem sie in zwölf Kapiteln weitere neue mathematische Techniken erlernt und schwierige Aufgaben gelöst haben. Die Aufnahmeprüfung hatten der Clubvorsitzende des CBJMM, Carl Friedrich, und die stellvertretende Clubvorsitzende Emmy selbst geleitet. Seitdem dürfen Anna und Bernd das kombinierte Clubwappen tragen (Abb. 1.1). Jetzt sind Anna und Bernd selbst Mentorin bzw. Mentor der MaRT. Ihre erste Aufgabe besteht darin, vier Mitglieder des MaRT, Inez, Norma, Steven und Volker, auf

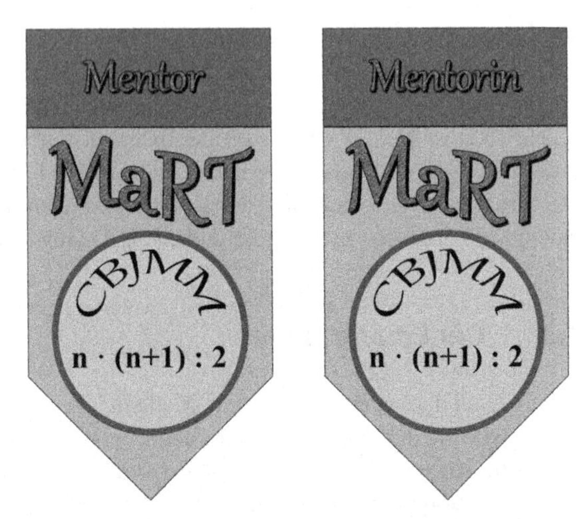

Abb. 1.1 Clubwappen für MaRT-Mentoren und MaRT-Mentorinnen

einen Oberstufen-Mathematikwettbewerb vorzubereiten, bei dem sie gegen Mitglieder anderer Matheclubs antreten. Die Wettbewerbsvorbereitungen werden in zwölf Aufgabenkapiteln beschrieben, davon sechs in diesem Band und sechs weitere im Nachfolgeband, den „Mathematischen Geschichten VIII" (Schindler-Tschirner & Schindler, 2023b).

Teil I
Aufgaben

Es folgen sechs Kapitel mit Aufgaben, in denen neue mathematische Begriffe und Techniken eingeführt werden. Da es ihr erster Kurs als MaRT-Mentorin bzw. MaRT-Mentor ist, haben Anna und Bernd vereinbart, sich im Anschluss an die einzelnen Treffen in der Schul-Cafeteria über ihre Erfahrungen auszutauschen. Jedes Kapitel enthält einem Abschnitt „Anna und Bernd", der Kernpunkte anspricht.

Mit einer kurzen Zusammenfassung, was die Schüler in diesem Kapitel gelernt haben, tritt dieser Abschnitt am Ende aus dem Erzählrahmen heraus. Diese Beschreibung erfolgt nicht in Fachtermini wie in Tab. II.1, sondern in schülergerechter Sprache.

2 Es schlägt 13!

„Schön, dass ihr alle gekommen seid“, eröffnet Anna das erste Gruppentreffen. „Bernd und ich werden euch in den nächsten Wochen auf euren Wettbewerb vorbereiten. Wir beginnen mit allgemeinen Beweistechniken, die ihr in unterschiedlichen Gebieten gut gebrauchen könnt.“ Und Bernd ergänzt: „Einige Beweistechniken kennt ihr vielleicht schon, andere vermutlich noch nicht. Heute übt Anna mit euch, und das nächste Mal bin ich dran. Ich wünsche euch einen interessanten Nachmittag.“ Anna erklärt den allgemeinen Ablauf: „Zu Beginn sehen wir uns immer einen alten MaRT-Fall an. Das ist ein anspruchsvolles mathematisches Problem, das in der Vergangenheit von der MaRT gelöst wurde. Den alten MaRT-Fall stellen wir zurück, bis ihr die notwendigen mathematischen Hilfsmittel kennengelernt habt.“

Alter MaRT-Fall Kim bereitet sich auf ihr schriftliches Matheabitur vor. Dafür möchte sie in 38 Tagen insgesamt 26 Übungsaufgaben rechnen, an jedem Tag aber höchstens eine. Nachdem sie einen Lernplan aufgestellt hat, stellt sie fest, dass sie zwei Übungsaufgaben im Abstand von genau 13 Tagen rechnen wird. Weil sie ziemlich abergläubisch ist, möchte sie das unbedingt vermeiden. Leider war dies auch bei den drei nächsten Lernplänen, die sie aufgestellt hatte, genauso. Weil Kim wissen wollte, ob sie einen 13-Tagesabstand überhaupt vermeiden kann, kam sie zur MaRT.

„Hier sind erst einmal ein paar Definitionen, die wir heute und später benötigen.“

Definition 2.1 Es bezeichnet $\mathbb{N} = \{1, 2, 3, \ldots\}$ die Menge der *natürlichen Zahlen*. Ferner ist $\mathbb{N}_0 = \{0, 1, 2, \ldots\}$, also $\mathbb{N}_0 = \mathbb{N} \cup \{0\}$. Wie üblich, bezeichnen Z die Menge der *ganzen Zahlen,* $\mathbb{Q}$ die Menge der *rationalen Zahlen* und $\mathbb{R}$ die Menge der *reellen Zahlen*. Es sei $m \in \mathbb{N}$, $m \geq 2$. Für $a, b \in Z$ schreibt

S. Schindler-Tschirner und W. Schindler, *Mathematische Geschichten VII – Extremwerte, Modulo und Beweise*, essentials,
https://doi.org/10.1007/978-3-662-67848-0_2

man $a \equiv b \bmod m$ (sprich: a ist kongruent b modulo m), falls a und b bei der Division durch m denselben Rest besitzen. Ebenso bedeutet $a \not\equiv b \bmod m$, dass a und b unterschiedliche m-Reste besitzen. Die Zahl m heißt Modul, und es ist $Z_m := \{0, 1, \ldots, m-1\}$. Mit $a (\operatorname{mod} m)$ bezeichnen wir das Element in Z_m, das zu a kongruent ist. Bezeichnet $a_0, a_1, \ldots$ eine Zahlenfolge, so ist $\sum_{j=m}^{n} a_j$ eine Kurzschreibweise für $a_m + \cdots + a_n$. Man bezeichnet j als Laufindex oder auch als Summenvariable. Es ist $\sum_{j=m}^{\infty} a_j = a_m + a_{m+1} + \cdots$.

„Zuerst behandeln wir die vollständige Induktion. Die haben Bernd und ich in der Aufnahmeprüfung für MaRT-Mentoren kennengelernt.“[1] „Ich habe die vollständige Induktion vor kurzem im Leistungskurs gelernt“, wirft Inez ein wenig stolz ein und bemerkt: „Vollständige Induktion ist schon etwas Besonderes: Man muss zuerst eine Vermutung haben, die man dann beweist.“ „Das stimmt, Inez. Wenn ich eure Gesten richtig deute, habt ihr alle schon von der vollständigen Induktion gehört. Ich fasse aber trotzdem noch einmal das Wichtigste kurz zusammen. Die Vermutung besteht darin, dass für jede natürliche Zahl $n \geq n_0$ eine Aussage $A(n)$ (welche in einer bestimmten Weise von n abhängt) richtig ist. Häufig ist $n_0 = 1$, aber das muss nicht immer der Fall sein.“ Anna geht an das Whiteboard. „Damit es anschaulicher wird, erläutere ich die einzelnen Schritte an einem Beispiel. Kannst Du mir beim Beispiel helfen, Inez?“

Vollständige Induktion:

- *Behauptung:* Die Aussage $A(n)$ ist für alle $n \geq n_0$ richtig. Das Ziel ist, diese Behauptung zu beweisen.
  - Beispiel: $A(n)$: $7^{2n} - 2^n$ ist ohne Rest durch 47 teilbar, $n \geq 1$.
- *Induktionsanfang:* Nachweis, dass $A(n_0)$ richtig ist.
  - Beispiel: $7^{2 \cdot 1} - 2^1 = 49 - 2 = 47$. Also ist $A(1)$ richtig ($n_0 = 1$).
- *Induktionsannahme:* (Es wird angenommen, dass) die Aussagen $A(n_0)$, $A(n_0 + 1), \ldots, A(n)$ richtig sind. Oder anders ausgedrückt: $A(k)$ ist richtig für $n_0 \leq k \leq n$, d. h. für alle $k \in \{n_0, \ldots, n\}$.
  - Beispiel: Es ist $7^{2k} - 2^k$ für alle $k \leq n$ durch 47 teilbar.
- *Induktionsschritt:* Im Induktionsschritt wird gezeigt, dass aus der Induktionsannahme folgt, dass auch die Aussage $A(n+1)$ richtig ist.
  - Beispiel: Aus $A(n)$ folgt

$$\begin{aligned} 7^{2n+2} - 2^{n+1} &\equiv 49 \cdot 7^{2n} - 2 \cdot 2^n \equiv 47 \cdot 7^{2n} + 2\left(7^{2n} - 2^n\right) \\ &\equiv 0 \cdot 7^{2n} + 2 \cdot 0 \equiv 0 \bmod 47 \end{aligned}$$

[1] vgl. (Schindler-Tschirner & Schindler, 2022a, Kap. 2 und 3)

Damit ist der Schluss von n auf $n+1$ gelungen. Das dritte Kongruenzzeichen verwendet die Induktionsannahme.

„Danke für deine Unterstützung, Inez. Jetzt seid ihr aber an der Reihe.“

a) Beweise die Summenformel (2.1) für die geometrische Reihe.

$$1 + x + x^2 + \cdots = \sum_{j=0}^{\infty} x^j = \frac{1}{1-x} \quad \text{für } |x| < 1 \tag{2.1}$$

Tipp: Beweise zunächst Gl. (2.2)

$$1 + x + x^2 + \cdots + x^n = \frac{x^{n+1} - 1}{x - 1} \quad \text{für } x \neq 1, n \in \mathbb{N} \tag{2.2}$$

b) Die Folge $(a_n)_{n \in \mathbb{N}}$ sei durch $a_n = \left(1 + \frac{1}{n}\right)^n$ gegeben. Beweise, dass die Folge streng monoton wächst. Tipp: Der binomische Lehrsatz könnte nützlich sein.[2]

„Kennt ihr das Schubfachprinzip?“ Nach allgemeinem Kopfschütteln fährt Anna fort: „Das Schubfachprinzip ist eigentlich ziemlich einfach, aber oft sehr nützlich. Bernd und ich haben das Schubfachprinzip bei der Aufnahmeprüfung in die MaRT kennengelernt.[3] Anna schreibt an das Whiteboard:

Schubfachprinzip: Wenn man $n+1$ Kugeln in n Schubfächer legt, enthält (mindestens) ein Schubfach (mindestens) zwei Kugeln ($n \in \mathbb{N}$).

„Die beiden (mindestens)-Klammern lässt man normalerweise weg. Wenn Mathematiker sagen, dass ein Objekt mit einer bestimmten Eigenschaft existiert, zum Beispiel ein mehrfach belegtes Schubfach, meinen sie damit, dass *mindestens* ein solches Objekt existiert. Sonst sagen sie, dass *genau ein* solches Objekt existiert.“

„Hier ist ein sehr einfaches Beispiel: Wenn 102 Personen in einem Raum sind und keiner älter als 100 ist, sind zwei Personen darunter, die gleich alt (in Jahren) sind.“ Auf Annas Frage „Fällt euch ein einfaches Beispiel ein?“ erwidert Volker: „Unter 6 natürlichen Zahlen gibt es 2, die denselben 5er-Rest haben.“ „Sehr gut! So einfach das Schubfachprinzip auch ist, ist es manchmal schwierig, geeignete Schubfächer zu finden. Das Schubfachprinzip kann man übrigens leicht verallgemeinern: Werden

[2] vgl. z. B. (Schindler-Tschirner & Schindler, 2022a, Kap. 5, Formel (5.4)).

[3] vgl. z. B. (Schindler-Tschirner & Schindler, 2021a, Kap. 2).

$kn + 1$ Kugeln auf n Schubfächer verteilt, enthält ein Schubfach $k + 1$ Kugeln. Ich sehe, dass ihr darauf brennt, endlich selbst Aufgaben zu lösen."

c) Unter 24 ganzen Zahlen gibt es stets zwei, deren Differenz durch 23 teilbar ist.
d) Gegeben seien 5 Punkte $P_j(x_j, y_j)$ in der Ebene mit ganzzahligen Koordinaten $(j = 1, \ldots, 5)$. Beweise, dass darunter zwei Punkte existieren, deren Streckenmittelpunkt ganzzahlige Koordinaten hat.
e) Gegeben sei eine Menge M, die 10 paarweise verschiedene natürliche Zahlen zwischen 5 und 107 enthält. Für $A \subseteq M$ bezeichne $s(A)$ die Summe aller Elemente in A.
Beweise: Es gibt zwei disjunkte, nichtleere Teilmengen B und C von M, für die $s(B) = s(C)$ ist.
f) Gib eine Menge M an, die sechs paarweise verschiedene natürliche Zahlen enthält und für die keine Teilmengen $B \neq C$ mit $s(B) = s(C)$ existieren.
Wähle M so, dass $s(M)$ minimal ist (Notation wie in Aufgabe e)).

„Jetzt ist der alte MaRT-Fall an der Reihe."

g) Löse den alten MaRT-Fall.
h) (Ergänzung zum alten MaRT-Fall) Wie sieht es aus, wenn Kim für die 26 Übungsaufgaben nicht nur 38 Tage, sondern 39 Tage zur Verfügung stehen?
i) Untersuche den Fall, dass Kim für 30 Übungsaufgaben 46 bzw. 47 Tage zur Verfügung stehen.

Anna und Bernd

„Es war schon ein besonderes Gefühl, zum ersten Mal selbst als MaRT-Mentorin vor der Gruppe zu stehen", berichtet Anna stolz. „Unsere Schüler sind total engagiert. Die vollständige Induktion kannten alle schon aus dem Unterricht, aber das Schubfachprinzip war für alle neu." „Ich freue mich schon auf das nächste Treffen, bei dem ich zum ersten Mal MaRT-Mentor sein werde", antwortet Bernd.

Was ich in diesem Kapitel gelernt habe

- Ich habe die vollständige Induktion angewandt.
- Ich habe das Schubfachprinzip angewandt.

3 Manche Dinge ändern sich nie

„Hallo! Wie ihr schon wisst, leite ich heute unser Treffen", beginnt Bernd seine erste Stunde als MaRT-Mentor. „Letztes Mal habt ihr euch mit der vollständigen Induktion und dem Schubfachprinzip befasst. Hierzu habe ich ein paar Aufgaben mitgebracht. Heute werdet ihr noch weitere Beweistechniken kennenlernen."

Alter MaRT-Fall Auf einem Tisch liegen drei Haufen Spielsteine. Hierzu hat sich Bill ein Spiel ausgedacht. Es gibt drei Spielregeln, um die Größe der Haufen zu verändern:

(R1) Man entfernt von einem Haufen einen Spielstein und fügt den beiden anderen Haufen jeweils 2 Spielsteine hinzu.
(R2) Man entfernt von einem Haufen einen Spielstein und fügt einem der beiden anderen Haufen 4 Spielsteine hinzu.
(R3) Man entfernt von jedem Haufen jeweils einen Spielstein.

In Abb. 3.1 sind die Spielregeln graphisch illustriert.

Anmerkung: Spielregel (R3) kann nur dann angewandt werden, wenn zu diesem Zeitpunkt jeder Haufen mindestens einen Spielstein enthält. Für die Spielregeln (R1) und (R2) können wir annehmen, dass in einem Depot genügend viele Reservesteine liegen.

Zu Beginn umfassen die Haufen 21, 30 und 41 Spielsteine. Bill fragt sich, ob man durch die geeignete (mehrfache) Anwendung der drei Spielregeln erreichen kann, dass auf allen drei Haufen nur genau ein Spielstein liegt.

S. Schindler-Tschirner und W. Schindler, *Mathematische Geschichten VII – Extremwerte, Modulo und Beweise*, essentials,
https://doi.org/10.1007/978-3-662-67848-0_3

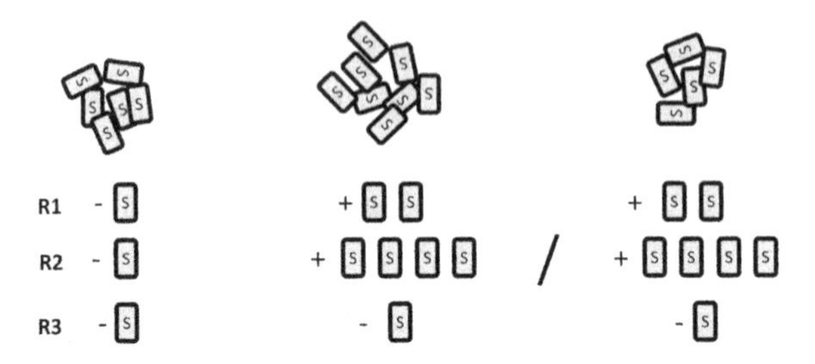

Abb. 3.1 Alter MaRT-Fall: Illustration der Spielregeln

„Hier sind erst einmal ein paar Aufgaben zur vollständigen Induktion und zum Schubfachprinzip.“

a) Berechne $\sum_{k=1}^{\infty} \frac{1}{k(k+1)}$.
   Tipp: Bestimme zunächst $\sum_{k=1}^{n} \frac{1}{k(k+1)}$. Entwickle aus den Ergebnissen für kleine n eine Vermutung und beweise diese durch vollständige Induktion.
b) Berechne $\sum_{j=0}^{n}(j+1)x^j$ für $x \neq 1$.
c) Beweise

$$\sum_{j=0}^{\infty}(j+1)x^j = \frac{1}{(1-x)^2} \quad \text{für } |x| < 1 \tag{3.1}$$

   Tipp: Beweise zunächst Aussage (3.2).

$$\lim_{m\to\infty} mx^m = 0 \quad \text{für alle } x \in (-1, 1), m \in \mathbb{N} \tag{3.2}$$

„In Aufgabe b) haben wir $(k+1)x^k$ als Ableitung dargestellt, weil wir so die Summenformel für $1 + x + \cdots + x^n$ ausnutzen konnten. Kann man diese Idee nicht direkt auf die geometrische Reihe anwenden? Jedenfalls ist $\left(\frac{1}{1-x}\right)' = \frac{1}{(1-x)^2}$“, bemerkt Norma. „Das ist eine sehr gute Beobachtung, Norma. Leider ist das nicht so einfach. Bei Reihen kann man Summieren und Ableiten nicht immer vertauschen, sondern nur unter bestimmten, hinreichenden Bedingungen, die für die geometrische Reihe allerdings erfüllt sind“, erklärt Bernd. „Das ist aber Uni-Stoff.“

d) An den Vereinsmeisterschaften des Tennisclubs „Serve & Volley“ nehmen in diesem Jahr n Spieler teil. Dabei spielt jeder Spieler ein Mal gegen jeden anderen Spieler. Leider steht zurzeit nur ein Tennisplatz zur Verfügung, so dass die Spiele nacheinander durchgeführt werden müssen.

(i) Wie viele Spiele finden insgesamt statt?
(ii) Beweise, dass es zu jedem Zeitpunkt mindestens zwei Spieler gibt, die bis dahin die gleiche Anzahl von Spielen absolviert haben.

„Bei vielen Fragestellungen erweist sich das *Extremalprinzip* als sehr nützlich. Dabei zeichnet man einzelne Objekte aus, die in gewisser Hinsicht eine besondere Eigenschaft erfüllen. Beispielsweise kann dies die kleinste oder die größte Zahl einer Menge sein“, leitet Bernd zum nächsten Thema über. „Am besten lernt man das, indem man Aufgaben löst.“

e) Beweise oder widerlege durch ein Gegenbeispiel: In jedem konvexen Polyeder gibt es zwei Seitenflächen mit derselben Anzahl an Kanten.
f) Besitzt Gl. (3.3) neben der trivialen Lösung $(u, v, w, x) = (0, 0, 0, 0)$ weitere Lösungen $(u, v, w, x) \in \mathbb{N}_0{}^4$?

$$u^2 + v^2 = 7\left(w^2 + x^2\right) \tag{3.3}$$

„Das ist ja interessant!“, bemerkt Steven. „Man verwendet das Extremalprinzip ja auch beim Beweis, dass man $\sqrt{2}$ nicht durch einen gekürzten Bruch $\frac{p}{q}$ darstellen kann.“ Ein gekürzter Bruch ist extremal in der Hinsicht, dass Zähler und Nenner minimal sind. „Gut erkannt! Löst jetzt Aufgabe g).“ „Das ist ja mal einfach!“, freut sich Volker. „Das geht ja genauso wie Aufgabe f).“ Hat Volker Recht?

g) Besitzt Gl. (3.4) neben der trivialen Lösung $(u, v, w, x) = (0, 0, 0, 0)$ weitere Lösungen $(u, v, w, x) \in \mathbb{N}_0{}^4$?

$$u^2 + v^2 = 5\left(w^2 + x^2\right) \tag{3.4}$$

„Aufgabe g) soll euch daran erinnern, dass man beim Beweisen immer vorsichtig sein muss und jeden Beweisschritt gut überlegen sollte“, mahnt Bernd. „Eine Aufgabe zum Extremalprinzip habe ich noch.“

h) Auf einem Spielplatz spielen 23 Kinder. Wählt man 3 Kinder aus, sind davon stets mindestens zwei befreundet.
   (i) Beweise: Es gibt ein Kind, das mindestens 11 Freunde hat.
   (ii) Kann man die Schranke 11 erhöhen?

Definition 3.1 Es bezeichne $Q(n)$ die Quersumme der natürlichen Zahl n.

i) Berechne $Q\left(Q\left(Q\left(13^{202}\right)\right)\right)$.

„Ehrlich gesagt, habe ich keine Idee“, gibt Norma zu, und Inez, Steven und Volker pflichten ihr bei. „Der Schlüssel zur Lösung liegt darin, eine *Invariante* zu finden, also einen Wert, der sich unter der Quersummenbildung nicht ändert.“, erklärt Bernd. Nach kurzem Nachdenken sagt Steven: „Der 9er-Rest einer Zahl ist derselbe wie der 9er-Rest seiner Quersumme.“ „Sehr gut!“ lobt Bernd. „Jetzt könnt ihr die Aufgabe i) selbst lösen, und der alte MaRT-Fall sollte auch drin sein.“

j) Nutze den Hinweis, um Aufgabe i) zu lösen.
k) Löse den alten MaRT-Fall.
l) (Fortsetzung von Aufgabe d)) Beweise, dass zu jedem Zeitpunkt die Anzahl der Spieler, die bis dahin eine ungerade Anzahl von Spielen absolviert haben, gerade ist.

Anna und Bernd

„Ich weiß jetzt, was du letztes Mal gemeint hast, Anna, als du davon gesprochen hast, wie es ist, als Mentor vor einer Gruppe zu stehen. Zur vollständigen Induktion habe ich zwei Aufgaben aus der Analysis ausgewählt, um eine Verbindung zum Unterricht herzustellen. Eine dritte Aufgabe aus der Analysis baut auf einer Aufgabe auf. Sie war nicht ganz einfach. Übrigens sind den Schülern die Aufgaben zum Invarianzprinzip relativ schwer gefallen.“ „Das wundert mich nicht, Bernd. Es ist nicht immer einfach, die Invariante zu finden.“

Was ich in diesem Kapitel gelernt habe

- Ich habe noch mehr Aufgaben zur vollständigen Induktion und zum Schubfachprinzip gelöst.
- Ich habe das Extremalprinzip und das Invarianzprinzip kennengelernt und selbstständig angewandt.
- Ich habe wieder einmal gesehen, dass kleine Änderungen in der Aufgabenstellung große Auswirkungen auf die Lösung haben können.

4 Es darf auch gerechnet werden

„In unseren Aufnahmeprüfungen haben wir viel über die Modulo-Rechnung gelernt.[1] Sie ist für viele zahlentheoretische Fragestellungen äußerst nützlich. Wir befassen uns heute und beim nächsten Treffen mit der Modulo-Rechnung, allerdings mit schwierigeren Anwendungen. Schließlich seid ihr ja auch älter, als wir es damals waren", eröffnet Bernd den Nachmittag.

Alter MaRT-Fall Savannahs jüngere Schwester Ashley geht in die 7. Klasse und hat gerade lineare Gleichungen kennengelernt. Savannah hat Ashley erklärt, dass jede lineare Gleichung $ax + b = 0$ über $\mathbb{Q}$ oder $\mathbb{R}$ genau eine Lösung besitzt, falls $a \neq 0$ ist. Später hat sie sich gefragt, wie sich das für lineare Kongruenzen

$$ax + b \equiv 0 \bmod m \tag{4.1}$$

verhält. Savannah hat das für einige kleine Moduln m untersucht: Für manche Tripel (a, b, m) gab es genau eine Lösung in Z_m, manchmal gab es gar keine Lösung oder sogar mehrere Lösungen. Auf jeden Fall war dies so verwirrend, so dass Savannah die MaRT aufsuchte.

„Um den alten MaRT-Fall lösen zu können, sind wieder einige Vorarbeiten notwendig", sagt Bernd. „Aufgabe a) dient zur Einstimmung."

a) Bestimme die Lösungsmengen der folgenden Kongruenzen in Z_m:
   (i) $3x + 7 \equiv 0 \bmod 8$, (ii) $2x + 1 \equiv 0 \bmod 6$ und (iii) $3x + 3 \equiv 0 \bmod 6$.

[1] vgl. Schindler-Tschirner und Schindler (2019b, Kap. 6 und 7, 2021b, Kap. 5 und 6, 2022b, Kap. 3 und 6).

S. Schindler-Tschirner und W. Schindler, *Mathematische Geschichten VII – Extremwerte, Modulo und Beweise*, essentials,
https://doi.org/10.1007/978-3-662-67848-0_4

b) Es sei $z \in \mathbb{Z}$ eine Lösung von (4.1). Gib weitere Lösungen in $\mathbb{Z}$ an.

„Das ist ein sehr wichtiger Sachverhalt", erklärt Bernd und geht zum Whiteboard. „Bezeichnet $L_{\mathbb{Z}}$ die Lösungsmenge der Kongruenz (4.1) in $\mathbb{Z}$ und L die Lösungsmenge in $\mathbb{Z}_m$, so besagt die Lösung von Aufgabe b) das Folgende":

$$L_{\mathbb{Z}} = \{x + km \mid x \in L, k \in \mathbb{Z}\} \quad \text{und} \quad L = L_{\mathbb{Z}} \cap \mathbb{Z}_m \tag{4.2}$$

„Man kann aus $L_{\mathbb{Z}}$ leicht L und aus L ebenso leicht $L_{\mathbb{Z}}$ bestimmen. Diese Eigenschaft nutzen wir in einigen Beweisen aus, während man konkrete Lösungen normalerweise direkt in $\mathbb{Z}_m$ sucht."

c) Bestimme für die Kongruenzen aus Aufgabe a) alle Lösungen in $\mathbb{Z}$.
d) Beweise: Wieviele Lösungen die Kongruenz (4.1) in $\mathbb{Z}_m$ besitzt, hängt nur von den m-Resten $a(\text{mod}\ m)$ und $b(\text{mod}\ m)$ ab.

Volker fragt: „Sollten wir nicht besser die allgemeinere Kongruenz

$$ax + b \equiv c \bmod m \tag{4.3}$$

betrachten?" „Sie ist nicht wirklich allgemeiner. Subtrahiert man in (4.1) von beiden Seiten c, erhält man eine Kongruenz vom Typ (4.1), und man kann alle Erkenntnisse über (4.1) leicht auf (4.3) übertragen", antwortet Inez nach kurzem Nachdenken.

e) Für welche $a \in \mathbb{Z}$ existiert ein $b \in \mathbb{Z}$, für das $ab \equiv 1 \bmod m$ gilt?
f) Beweise: Existiert ein $b \in \mathbb{Z}$ mit $ab \equiv 1 \bmod m$, ist $b(\text{mod}\, m)$ die einzige Lösung in $\mathbb{Z}_m$.

Definition 4.1 Es sei $m \in \mathbb{N}, m \geq 2$. Ein Element $b \in \mathbb{Z}_m$ nennen wir *multiplikativ invers* zu $a \in \mathbb{Z}_m$, falls $ab \equiv 1 \bmod m$ gilt. Die Zahl a heißt *multiplikativ invertierbar* in $\mathbb{Z}_m$, und für b schreiben wir auch $b = a^{-1}(\text{mod}\, m)$. Ferner bezeichnet $\mathbb{Z}_m^*$ die Menge aller multiplikativ invertierbaren Elemente in $\mathbb{Z}_m$.

„Hm, das ist ja interessant. Es ist auch $a^{-1}(\text{mod}\, m) \in \mathbb{Z}_m^*$, weil a multiplikativ invers zu $a^{-1}(\text{mod}\ m)$ ist", stellt Steven fest, und Bernd fragt in die Runde: „Wisst ihr, was eine Gruppe ist?" Allgemeines Kopfschütteln. „Das ist kein Problem. Könnt ihr die Menge $\mathbb{Z}_m^*$ auf einfache Weise beschreiben?" Steven antwortet spontan: „Aus Aufgabe e) wissen wir, dass $a \in \mathbb{Z}_m$ genau dann in $\mathbb{Z}_m^*$ enthalten ist, wenn $\text{ggT}(a, m) = 1$ gilt", geht zum Whiteboard und schreibt.

$$\mathbb{Z}_m^* = \{a \in \mathbb{Z}_m \mid \text{ggT}(a, m) = 1\} \tag{4.4}$$

g) Bestimme Z_4^*, Z_5^*, Z_{10}^* und Z_p^*, falls p eine Primzahl ist.
h) (Alter MaRT-Fall) (Teil 1) Beweise: Für $a \in Z_m^*$ besitzt die Kongruenz (4.1) für alle $b \in Z_m$ genau eine Lösung. Gib die Lösung in Z_m an.

„Diesen alten MaRT-Fall können wir jetzt zu den Akten legen", sagt Norma erleichtert. „Nicht ganz so schnell", bremst Steven, „Wir wissen noch nicht, wie das für $a \notin Z_m^*$ aussieht."

i) Es sei $\mathrm{ggT}(a, m) = g \geq 1$. Beweise: $\{(az)(\mathrm{mod}\, m) \mid z \in Z\} = \{jg \mid 0 \leq j \leq \frac{m}{g} - 1\}$.
j) Es sei $\mathrm{ggT}(a, m) = g \geq 1$. Bestimme die Lösungsmengen $L_{Z,0}$ und L_0 von

$$ax \equiv 0 \bmod m\,. \tag{4.5}$$

k) Bestimme die Lösungsmenge von $9x \equiv 0 \bmod 30$ in Z_{30}
l) (Alter MaRT-Fall) (Verallgemeinerung) Es sei $\mathrm{ggT}(a, m) = g$.
   (i) Beweise: Die Kongruenz (4.1) besitzt keine Lösung, wenn b kein Vielfaches von g ist. Andernfalls besitzt die Kongruenz (4.1) genau g Lösungen in Z_m.
   (ii) Beschreibe die Lösungsmenge, falls b ein Vielfaches von g ist.

„Für $a \in Z_m^*$ liefert Aufgabe l) nichts Neues, aber für $g > 1$ haben wir etwas dazugelernt", erklärt Bernd. „Jetzt könnt ihr die Erkenntnisse praktisch anwenden."

m) Bestimme die Lösungen der folgenden Kongruenzen in Z_{30}:
   (i) $7x+3 \equiv 0 \bmod 30$, (ii) $9x+8 \equiv 0 \bmod 30$ und (iii) $9x+21 \equiv 0 \bmod 30$.

n) Gib ein Tripel (a, b, m) an, für das die Kongruenz (4.1) (genau) die Lösungen $8, 24, 40 \in Z_m$ besitzt.

„Heute haben wir ziemlich viel bewiesen. Euch raucht sicher schon der Kopf", bemerkt Bernd launig. „Jetzt wird gerechnet."

o) Lena möchte mit ihrem Computer $345231^{123456}(\mathrm{mod} 453978)$ berechnen. Sie stellt schnell fest, dass es nicht möglich ist, zuerst (mit der Ganzzahlarithmetik) die Potenz auszurechnen und danach den Rest modulo 453978, weil das Zwischenergebnis viel zu groß wäre. Wieviele Dezimalziffern umfasst die Zahl 345231^{123456}? Wie lang ist die Zahl, wenn jede Ziffer 5 mm Platz benötigt?

„Warum verwendet Lena anstelle der Ganzzahlarithmetik keine Gleitkommaarithmetik? Gleitkommaarithmetik eignet sich für sehr großen Zahlen, wie sie in der

Physik oder Astronomie auftreten." „Stimmt, Norma. Allerdings sind dort normalerweise die höchstwertigen Ziffern besonders wichtig. Bei der Modulo-Rechnung ist die niederwertigste Ziffer aber genauso wichtig wie die höchstwertigste", erklärt Bernd. „Der square & multiply-Algorithmus (Algorithmus 1) löst das Problem."

Algorithmus 1 square & multiply-Algorithmus

Eingabe: $n \in \mathbb{N}$ (Modul), $y \in Z_n$ (Basis), $d \in \mathbb{N}_0, d = (d_{w-1}, \ldots, d_0)_2$ (Exponent)
Ausgabe: $y^d \pmod n$

```
temp := y
for k = w − 2 downto 0 do
  temp := temp · temp(mod n)
  if d_k = 1 then
    temp := temp · y(mod n)
  end if
end for
return temp
```

p) Berechne $27^{11} \pmod{100}$ und $35^9 \pmod{89}$ mit dem square & multiply-Algorithmus. Gib alle Werte an, die die temp-Variable annimmt.
q) Beweise die Korrektheit des square & multiply-Algorithmus.

Anna und Bernd

Nach dem Treffen fragt Anna Bernd in der Cafeteria: „Hast Du erwähnt, dass Z_m^* bezüglich der Multiplikation modulo m eine Gruppe ist?" „Nein, leider wissen unsere Schüler noch nicht, was eine Gruppe ist. Das wäre auch für das nächste Treffen nützlich gewesen, es geht aber auch so." Und Anna ergänzt: „Für Schüler, die wissen möchten, was Gruppen sind, könntest Du beim nächsten Mal z. B. auf (Bartholomé et al., 2010) hinweisen. Das ist dort einfach erklärt." „Gute Idee, Anna."

Was ich in diesem Kapitel gelernt habe

- Ich habe lineare Kongruenzen gelöst.
- Ich kann die Anzahl der Lösungen einer linearen Kongruenz bestimmen, ohne die Lösungen ausrechnen zu müssen.
- Ich habe den square & multiply-Algorithmus kennengelernt und angewandt.

5 Tapetenwechsel

„Hallo“, eröffnet Bernd den Nachmittag. „Habt ihr schon gewusst, dass Zahlentheorie auch in der Kunst eine Rolle spielen kann?“ „Tatsächlich?“ „Lasst euch überraschen!“

Alter MaRT-Fall Gérard Tapis ist ein äußerst kreativer, international gefeierter Tapetendesigner. Zur Zeit arbeitet er für die Ausgestaltung eines mathematisches Instituts für Zahlentheorie am neuen Design „Fermat-Tap“. Unter der Decke möchte Gérard Tapis Zahlenreihen $1^m \pmod{101}, 2^m \pmod{101}, \ldots, 100^m \pmod{101}$ platzieren, jedoch nur für solche Exponenten $m \in \{1, \ldots, 100\}$, für die die modularen Potenzen eine Permutation der Zahlen $1, \ldots, 100$ sind. Gérard Tapis ist verwirrt: Für $m = 3$ ist dies der Fall, für $m = 5$ jedoch nicht. Er fragt sich, wieviele Exponenten diese Eigenschaft besitzen, da dies die Anzahl der Reihen bestimmt. Noch besser wäre es natürlich, wenn er wüsste, wie sich das für beliebige Primzahlen verhält. Schließlich gibt es unterschiedlich große Räume, für die unterschiedliche Primzahlen gewählt werden müssen, damit das Tapetenmuster auch den hohen ästhetischen Ansprüchen des Maître genügt. Abb. 5.1 zeigt das Tapetenmuster für $p = 19$.

„Bevor wir etwas Neues lernen, habe ich euch zwei einfache Übungsaufgaben mitgebracht, um den Stoff vom letzten Mal zu festigen.“

a) Bestimme alle Lösungen der linearen Kongruenz $4x \equiv 3 \mod 11$ in $\mathbb{Z}_{11}$ und $\mathbb{Z}$.
b) Berechne $94^{17} \pmod{71}$ mit dem square & multiply-Algorithmus. Gib alle Zwischenwerte der temp-Variable an.

S. Schindler-Tschirner und W. Schindler, *Mathematische Geschichten VII – Extremwerte, Modulo und Beweise*, essentials,
https://doi.org/10.1007/978-3-662-67848-0_5

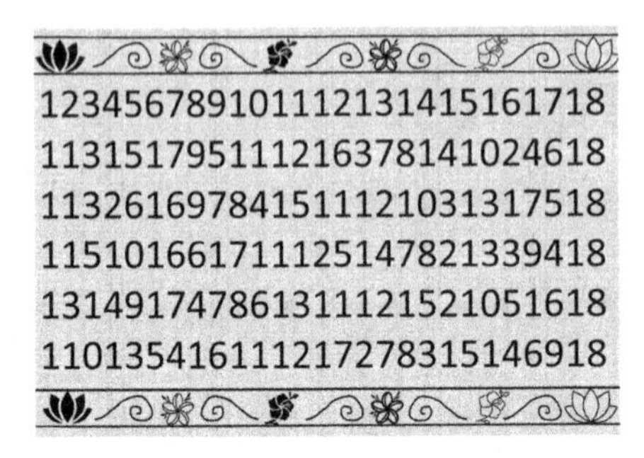

Abb. 5.1 Beispieltapete für $p = 19$ (Exponenten: 1, 5, 7, 11, 13, 17). Aus ästhetischen Gründen schreibt Gérard Tapis die Zahlen ohne Zwischenräume hintereinander

Definition 5.1 Die Funktion $\varphi\colon \mathbb{N} \to \mathbb{N}$, $\varphi(n) = |\{1 \leq a \leq n \mid \mathrm{ggT}(a, n) = 1\}|$ heißt *Eulersche* φ*-Funktion* (oder kurz: *Eulerfunktion*).

„Es ist $\varphi(n) = |Z_n^*|$, nicht wahr?“ „Ja, das ist richtig, Norma“, bestätigt Bernd.

c) Bestimme $\varphi(1)$, $\varphi(9)$, $\varphi(22)$ und $\varphi(24)$.

„Für großes n ist die Berechnung von $\varphi(n)$ ‚nach Definition‘ ziemlich zeitaufwändig oder gar nicht zu schaffen. Denkt zum Beispiel an $n = 10^{60}$. Glücklicherweise besitzt die φ-Funktion ein paar angenehme Eigenschaften, die ihr jetzt beweisen werdet“, erklärt Bernd.

d) Es sei p eine Primzahl. Bestimme $\varphi(p)$ und $\varphi(p^k)$ für $k \in \mathbb{N}$.
e) Beweise: Es ist $\mathrm{ggT}(ni + j, n) = \mathrm{ggT}(j, n)$ für alle $i, j \in \mathbb{N}_0$.
f) Beweise: $\varphi(ab) = \varphi(a)\varphi(b)$, falls $\mathrm{ggT}(a, b) = 1$.
Tipp: Bestimme zunächst, wieviele Zahlen $c \in \{1, \ldots, ab - 1\}$ es gibt, für die $\mathrm{ggT}(c, ab) > 1$ ist. Stelle hierzu die Zahlen in $\{1, \ldots, ab - 1\}$ in der Form $aj + i$ mit $0 \leq j \leq b - 1$ und $1 \leq i \leq a$ dar und verwende Aufgabe d).

„Die letzte Aufgabe war nicht ganz einfach“, räumt Bernd ein. „Ihr werdet aber gleich sehen, dass es die Mühe Wert war. Wenn man die Primfaktorzerlegung von n kennt, kann man $\varphi(n)$ auch für große natürliche Zahlen leicht ausrechnen.“

g) Berechne $\varphi(145)$, $\varphi(10^k)$, $\varphi(1000.000)$ und $\varphi(2023)$.
h) Beweise: Es ist $\varphi(a_1 \cdots a_m) = \varphi(a_1) \cdots \varphi(a_m)$ falls $a_1, \ldots, a_m \in \mathbb{N}$ paarweise teilerfremd sind, d. h. wenn $\mathrm{ggT}(a_i, a_j) = 1$ für alle $i \neq j$ gilt.
i) Berechne $\varphi(10!)$.

j) Die natürliche Zahl n besitzt die Primfaktorzerlegung $n = p_1^{\alpha_1} \cdots p_k^{\alpha_k}$. Dabei bezeichnen $p_1, \ldots, p_k$ paarweise verschiedene Primzahlen, und die Exponenten $\alpha_1, \ldots, \alpha_k$ sind natürliche Zahlen. Berechne $\varphi(n)$.
k) In einer Urne liegen 2024 Kugeln, die mit den Zahlen 1 bis 2024 beschriftet sind. Aus dieser Urne werden zwei Kugeln mit Zurücklegen gezogen, wobei a der ersten Kugel und b der zweiten Kugel entspricht. Wie groß ist dann die Wahrscheinlichkeit, dass die Kongruenz $ax + b \equiv 0 \mod 2024$ eindeutig lösbar ist?
l) Bestimme $\min\left\{\frac{\varphi(n)}{n} \mid n \leq 10^6\right\}$.

Definition 5.2 Es sei $m \geq 2$ ein Modul und $a \in Z$ mit $\text{ggT}(a, m) = 1$. Die Zahl a besitzt die *O*rdnung δ (Schreibweise: $\text{ord}_m(a) = \delta$), falls δ die kleinste natürliche Zahl ist, für die $a^\delta \equiv 1 \mod m$ gilt. Besitzt a die Ordnung $\varphi(m)$, nennt man a eine *p*rimitive Wurzel modulo m.

Satz 5.1 (Satz von Euler)[1] Für alle $a \in \mathbb{N}$ mit $\text{ggT}(a, m) = 1$ ist $a^{\varphi(m)} \equiv 1 \mod m$.

Beweis. siehe z. B. (Menzer & Althöfer, 2014, Satz 2.4.11)

„Der Satz von Euler besitzt viele Anwendungen. Übrigens hatte Fermat zunächst den Spezialfall bewiesen, dass m eine Primzahl ist. Diesen Sonderfall bezeichnet man auch als den *kleinen Satz von Fermat.* Euler[2] hat das Resultat von Fermat[3] auf beliebige Moduln erweitert“, erklärt Bernd.

m) Berechne $11^{103}(\text{mod } 101)$ und $23^{41}(\text{mod } 100)$. Rechne geschickt!
n) Berechne (i) die letzte Ziffer von 7^{287}, (ii) die beiden letzten Ziffern von 9^{442}.
o) Bestimme alle primitiven Wurzeln in Z_7^*.
p) Finde einen Modul m, für den Z_m^* keine primitive Wurzel besitzt.

Satz 5.2 (Satz von der primitiven Wurzel) Ist p eine Primzahl, so existiert in Z_p^* mindestens eine primitive Wurzel.

Beweis. siehe z. B. (Menzer & Althöfer, 2014, Satz 5.1.5)

---

[1] Satz 5.1 ist in der Literatur auch als *Satz von Fermat-Euler* und als *Satz von Euler-Fermat* bekannt.

[2] Leonard Euler (1707–1783) war ein schweizer Mathematiker, Physiker und Ingenieur.

[3] Pierre de Fermat (1607–1665) war ein französischer Mathematiker und Jurist.

„Jetzt besitzt ihr die notwendigen Vorkenntnisse, um den alten MaRT-Fall zu lösen, und zwar nicht nur für 101, sondern allgemein für beliebige Primzahlen."

q) (Alter MaRT-Fall) Es sei p eine Primzahl. Für welche $s \in Z_p^*$ die Abbildung $\psi_s\colon Z_p^* \to Z_p^*, \psi_s(x) = x^s (\text{mod}\, p)$ bijektiv? Wieviele Exponenten s sind dies? Wie groß ist diese Anzahl für den Spezialfall $p = 101$?

Redselig beschließt Bernd den Nachmittag: „Kurze Zeit später hat Gérard Tapis von einem Museum für experimentelle Kunst einen Auftrag bekommen. Dafür hat er seine neuen Erkenntnisse genutzt. Allerdings hat er die Zahlen durch Farben ersetzt." „Wie geht das denn?", fragt Norma erstaunt. „In Computergraphiken beschreibt man Farben durch Tripel (r, g, b), wobei die Zahlen $r, g, b \in \{0, 1, \ldots, 255\}$ die Intensität der Grundfarben rot, grün und blau angeben. Das nennt man RGB-Verfahren. Gérard Tapis hat die Primzahl $p = 257$ gewählt, von den erzeugten Zahlen jeweils 1 subtrahiert und aus jeweils drei Zahlen ein farbiges Rechteck erzeugt.

r) Wieviele Zahlen enthält die Zahlentapete für die Primzahl $p = 257$? Wie oft kommt die Zahl 17 vor?

„Das erinnert mich an das Bild ‚4096 Farben' von Gerhard Richter. Habt ihr nicht auch Lust, selbst ein Computerprogramm zu schreiben und mit Farben zu experimentieren? Beim nächsten Mal vergleichen wir die Bilder", schlägt Inez vor, die sich sehr für Kunst interessiert. „Gute Idee! Für das beste Bild stifte ich eine Tafel Schokolade als Preis", verspricht Bernd.

Anna und Bernd

„Historische Bezüge findet man z. B. in (Weitz et al., 2022) oder in (Dangerfield et al., 2020). Ich finde die Biographien von Emmy Noether (Jaeger, 2022) und von Carl Friedrich Gauß (Tent, 2006) lesenswert", bemerkt Anna.

Was ich in diesem Kapitel gelernt habe

- Ich habe die Eulersche φ-Funktion angewandt und Rechenregeln bewiesen.
- Ich kenne jetzt den Satz von Euler, und ich habe ihn selbst angewandt.
- Ich habe gelernt, was eine primitive Wurzel ist.

Ganz schön extrem! 6

„Heute und beim nächsten Mal befassen wir uns mit Ungleichungen“, eröffnet Anna das Treffen. „Ungleichungen spielen im Mathematikunterricht normalerweise nur eine geringe Rolle. Dennoch sind sie wichtig und interessant. Außerdem kommen Ungleichungen in verschiedenen Mathematikwettbewerben vor.“

Alter MaRT-Fall Benedict interessiert sich schon lange für Extremwertaufgaben. Er möchte wissen, wie groß das Maximum der Funktion $F(x, y, z) := xy^2z^3$ auf der Oberfläche der Einheitskugel im (offenen) ersten Oktanten (d. h. ohne die Koordinatenebenen) ist, d. h. auf $K_3 := \{(x, y, z) \in \mathbb{R}^3 \mid 0 < x, y, z;\ x^2+y^2+z^2 = 1\}$. Da die Funktion F von drei Variablen abhängt, wusste Benedict nicht, wie er das Problem lösen soll und kam deshalb zur MaRT.

„Wie üblich, lassen wir den alten MaRT-Fall erst einmal ruhen. Wir beginnen mit ein paar Standardtechniken.“

a) Bestimme die Lösungsmenge L der Ungleichung $17x - 3 > 4x + 4$.
b) Bestimme die Lösungsmenge L_1 von Ungleichung (6.1) und L_2 von Ungleichung (6.2).

$$x^2 - 16x - 57 < 0 \tag{6.1}$$

$$3x^2 - 15x + 12 > 0 \tag{6.2}$$

„Die Aufgabentypen a) und b) kennt ihr sicher noch aus dem Schulunterricht. Die nächsten drei Aufgaben sind etwas anspruchsvoller“, erklärt Anna.

S. Schindler-Tschirner und W. Schindler, *Mathematische Geschichten VII – Extremwerte, Modulo und Beweise*, essentials,
https://doi.org/10.1007/978-3-662-67848-0_6

c) Beweise die Ungleichung (6.3).

$$x^2 + y^2 + z^2 \geq xy + xz + yz \quad \text{für alle } x, y, z \in \mathbb{R} \tag{6.3}$$

d) Beweise: $\sum_{j=1}^{n} \frac{1}{j} > \ln(n+1)$ für alle $n \in \mathbb{N}$.
Tipp: Für $j \in \mathbb{N}$ und $x \in [j, j+1)$ ist $\frac{1}{x} \leq \frac{1}{j}$ mit „=" für $x = j$.

„Aufgabe e) ist das Gegenstück zu d)", fährt Anna fort. „Jetzt schätzen wir $\sum_{j=1}^{n} \frac{1}{j}$ nach oben ab."

e) Beweise: $\sum_{j=1}^{n} \frac{1}{j} < 1 + \ln(n)$ für alle $n \in \mathbb{N}$.

„Umformen in Binome oder der Vergleich mit Funktionen über $\mathbb{R}$ sind typische Ansätze im Umgang mit Ungleichungen", erklärt Anna. „Ich weiß nicht, ob ihr schon von der GM-AM-QM-Ungleichung gehört habt. In der Schule kommt sie jedenfalls nicht dran. Sie ist aber oft sehr nützlich. Bernd und ich haben sie bei unserer Aufnahmeprüfung zum MaRT-Mentor bzw. zur MaRT-Mentorin kennengelernt."

Definition 6.1 Es seien $x_1, \ldots, x_n \in \mathbb{R}$. Dann ist $\frac{x_1+\cdots+x_n}{n}$ das *arithmetische Mittel* und $\sqrt{\frac{x_1^2+\cdots+x_n^2}{n}}$ das *quadratische Mittel* von $x_1, \ldots, x_n$. Ebenso bezeichnen $\min\{x_1, \ldots, x_n\}$ und $\max\{x_1, \ldots, x_n\}$ das Minimum bzw. das Maximum von $x_1, \ldots, x_n$. Für $x_1, \ldots, x_n > 0$ bezeichnet man $\sqrt[n]{x_1 \cdots x_n}$ als das *geometrische Mittel*.

„Hier ist nun die angekündigte GM-AM-QM-Ungleichung. Wir werden Satz 6.1 nur anwenden, aber nicht beweisen. Bei unserer Aufnahmeprüfung haben wir übrigens den Spezialfall $n = 2$ bewiesen.[1] Dazu muss man Binome geeignet umformen. Ihr könnt ja bis zum nächste Mal zu Hause probieren, ob ihr das hinkriegt."

Satz 6.1 GM-AM-QM-Ungleichung ($n \geq 2$): Für alle $a_1, \ldots, a_n > 0$ gilt

$$\min\{a_1, \ldots, a_n\} \leq \sqrt[n]{a_1 \cdots a_n} \leq \frac{a_1 + \cdots + a_n}{n} \leq \sqrt{\frac{a_1^2 + \cdots + a_n^2}{n}} \leq \max\{a_1, \ldots, a_n\} \tag{6.4}$$

In (6.4) gilt Gleichheit genau dann, wenn $a_1 = \ldots = a_n$.

[1] vgl. (Schindler-Tschirner & Schindler, 2022a, Kap. 7).

Beweis. vgl. z. B. (Engel, 1998, S. 163 ff.)

„Hier sind ein paar Übungsaufgaben, damit ihr die GM-AM-QM-Ungleichung verinnerlicht", fährt Anna fort.

f) Es sei $K_2 := \{(x, y) \in \mathbb{R}^2 | 0 < x, y;\ x^2 + y^2 = 1\}$. Bestimme das Maximum (i) von $f(x, y) := x + y$, (ii) von $g(x, y) := xy$ auf K_2.
g) Es beschreibt $E := \{(x, y, z) \in \mathbb{R}^3 | 0 < x, y, z;\ x + y + z = 1\}$ den Durchschnitt einer Ebene mit dem offenen ersten Oktanten. Welcher Punkt $P \in E$ besitzt den minimalen Abstand zum Koordinatenursprung?

„Das Besondere an der GM-AM-QM-Ungleichung ist, dass man damit nicht nur obere oder untere Schranken bestimmen kann. Bei vielen Fragestellungen werden diese Schranken von bestimmten Werten angenommen", erklärt Anna. „Dann kann man die Extremwerte so bestimmen, also Minima oder Maxima."

h) Es sei $E' := \{(x, y, z) \in \mathbb{R}^3 | 0 < x, y, z;\ x + y + 2z = 6\}$. Für welchen Punkt $P' \in E'$ ist das Produkt seiner Koordinaten maximal?
i) Es beschreibt $L := \{(x, y) \in \mathbb{R}^2 | 2x^2 + 3y^3 \leq 1\}$ eine Ellipse samt der eingeschlossener Fläche. Bestimme das Maximum der Funktion $f\colon L \to \mathbb{R}$, $f(x, y) = e^{x^2y^2 + x^4y^4}$. Wo wird das Maximum angenommen?

„Es ist nun an der Zeit, den alten MaRT-Fall anzugehen", erklärt Anna. „Ich vermute, dass auch bei Aufgabe j) die GM-AM-QM-Ungleichung weiterhilft. Leider habe ich keine Idee, wie das konkret geht", seufzt Steven, und die anderen Teilnehmer pflichten kopfnickend zu. „O.K. Hier ist noch eine Aufgabe zur Vorbereitung."

j) Sei $K_2 := \{(x, y) \in \mathbb{R}^2 | 0 < x, y;\ x^2 + y^2 = 1\}$. Bestimme das Maximum von $h(x, y) := x^2 y$ auf K_2.

„Inez, dein Lösungsansatz, ein Extremalproblem mit Nebenbedingung mit Hilfe der Analysis zu lösen, ist völlig richtig. Der alte MaRT-Fall lässt sich aber nicht mit Schul-Analysis lösen, da durch die Nebenbedingung $x^2 + y^2 + z^2 = 1$ nur eine der drei Variablen eliminiert werden kann.". Ein Tipp, wie ihr die GM-QM-Ungleichung für $n = 3$ anwenden könnt: Schreibt den Term $\frac{x^2}{2} y$ als Produkt von drei geeigneten Faktoren", hilft Anna.

k) Löse den alten MaRT-Fall.

Eigentlich wollte Anna den Nachmittag schon beschließen, als sich Volker zu Wort meldet und sagt: „Der alte MaRT-Fall lädt zu Verallgemeinerungen ein!" Anna erwidert: „Das ist völlig richtig! Möchtest Du selbst eine Aufgabe stellen?"

1) Es seien $r, u, v \in \mathbb{N}$, d. h. ganze Zahlen ≥ 1. Bestimme das Maximum der Funktion $F_{(r,u,v)} = x^r y^u z^v$ auf $K_3 = \{(x, y, z) \in \mathbb{R}^3 \mid 0 < x, y, z;\ x^2 + y^2 + z^2 = 1\}$.

Anna und Bernd

Anna berichtet: „Die GM-AM-QM-Ungleichung war für alle neu. Die Schüler waren ganz überrascht, dass man damit Extremwertaufgaben lösen kann, die sie mit ihren Analysiskenntnissen zum Teil noch nicht lösen können." Und Bernd erkundigt sich: „Wer hat das schönste Bild erzeugt? Ich habe beim letzten Mal eine Tafel Schokolade als Preis ausgelobt." „Inez hat gewonnen, und zwar einstimmig", informiert ihn Anna.

Was ich in diesem Kapitel gelernt habe

- Ich habe unterschiedliche Techniken zur Behandlung von Ungleichungen wiederholt und neu kennengelernt.
- Ich habe diese Techniken selbst angewandt.
- Mit der GM-AM-QM-Ungleichung kann man Extremwerte bestimmen.

Gut sortiert ist halb gewonnen

7

Mit einem freundlichen „Hallo!" eröffnet Anna das Treffen. „Heute werdet ihr zwei weitere Techniken kennenlernen, die zur Lösung von Ungleichungen oft nützlich sind. Habt ihr noch Fragen zur letzten Sitzung?" „Ich habe mir selbst eine Aufgabe ausgedacht. Darf ich die Aufgabe vorstellen?", meldet sich Norma zu Wort. „Nachdem ich den alten MaRT-Fall vorgestellt habe, versuchen wir, deine Aufgabe zu lösen."

Alter MaRT-Fall Lange hat Mark versucht, eine geschlossene Formel für die Summe $w(n) = \sum_{k=1}^{n} \sqrt{k}$ zu finden, vergleichbar mit der Gaußschen Summenformel für $1 + 2 + \ldots + n$ oder der Summenformel für $1^2 + 2^2 + \ldots + n^2$. Leider waren alle seine Versuche erfolglos. Seitdem versucht er, wenigstens eine untere und eine obere Schranke von $w(n)$ zu bestimmen, d. h. Funktionen $u, v \colon \mathbb{N} \to \mathbb{R}$, für die $u(n) \leq w(n) \leq v(n)$ für alle $n \in \mathbb{N}$ gilt. Natürlich soll die Differenz $v(n) - u(n)$ möglichst klein sein.

a) (Normas Aufgabe) Es sei $s \in \mathbb{N}$, $s \geq 2$. Für welche $u, v \in \mathbb{N}$ mit $u + v = s$ ist $u^u v^v$ minimal? Bestimme das Minimum für $s = 10$.

„Vielen Dank für deine schöne Aufgabe, Norma. Die nächste Aufgabe knüpft auch noch an das vorherige Kapitel an", fährt Anna fort. „Danach lernt ihr die Rearrangement-Ungleichung kennen, die sehr nützlich sein kann".

b) Es seien w, x, y, z positive reelle Zahlen, für die $w^2 + x^3 + y + z^5 = 8$ gilt. Beweise: $w^4 + x^6 + y^2 + z^{10} \geq 16$.

S. Schindler-Tschirner und W. Schindler, *Mathematische Geschichten VII – Extremwerte, Modulo und Beweise*, essentials,
https://doi.org/10.1007/978-3-662-67848-0_7

Satz 7.1 (Rearrangement-Ungleichung) Es seien $a_1, \ldots, a_n$ und $b_1, \ldots, b_n$ Folgen von positiven reellen Zahlen und $c_1, \ldots, c_n$ eine Permutation von $b_1, \ldots, b_n$.

(i) Ist $a_1, \ldots, a_n$ aufsteigend sortiert, d. h. $a_1 \leq \cdots \leq a_n$, so gelten

$$S = a_1c_1 + \cdots + a_nc_n \quad \text{ist maximal, falls } c_1, \ldots, c_n \text{ aufsteigend sortiert ist} \tag{7.1}$$

$$S = a_1c_1 + \cdots + a_nc_n \quad \text{ist minimal, falls } c_1, \ldots, c_n \text{ absteigend sortiert ist} \tag{7.2}$$

(ii) Die Summe S ist maximal, falls die Folgen $a_1, \ldots, a_n$ und $c_1, \ldots, c_n$ gleich sortiert sind (beide aufsteigend oder beide absteigend), und minimal, falls die Folgen $a_1, \ldots, a_n$ und $c_1, \ldots, c_n$ entgegengesetzt sortiert sind.

„Um den Beweis von Satz 7.1 kümmern wir uns später. Hier sind erst einmal ein paar Aufgaben, damit ihr mit der Rearrangement-Ungleichung etwas vertraut werdet“, ermuntert Anna die Teilnehmer. Da meldet sich Volker zu Wort: „Aussage (ii) folgt jedenfalls direkt aus (i). Ist die Folge $a_1, \ldots, a_n$ aufsteigend sortiert, ist nichts zu zeigen. Ist $a_1, \ldots, a_n$ absteigend sortiert, so erfüllen die Folgen $a'_1 = a_n, a'_2 = a_{n-1} = \ldots = a'_n = a_1$ und $c'_1 = c_n, c'_2 = c_{n-1} = \ldots = c'_n = c_1$ die Voraussetzungen aus (i), und es ist $a'_1c'_1 + \cdots + a'_nc'_n = a_1c_1 + \cdots + a_nc_n$.“ „Ausgezeichnet! Ein Teil des Beweises von Satz 7.1 hast du bereits erbracht.“

c) Beweise: Für $0 < x, y$ gilt $\frac{x}{y^3} + \frac{y}{x^3} \geq \frac{1}{x^2} + \frac{1}{y^2}$.
d) Es seien $c_1 = \cos(10°), c_2 = \cos(20°), c_3 = \cos(70°)$ und $c_4 = \cos(80°)$, während d_1, d_2, d_3, d_4 eine Permutation der Werte $\sin(10°)$, $\sin(20°)$, $\sin(70°)$, $\sin(80°)$ ist. Beweise, dass $c_1d_1 + c_2d_2 + c_3d_3 + c_4d_4 \leq 2$ gilt.

„Angewandt habt ihr Satz 7.1 schon, aber jetzt wollen wir ihn beweisen.“

e) Beweise Aussage (7.1).
f) Beweise Aussage (7.2).
g) Beweise: Für $x, y, z > 0$ gilt $\frac{x}{z} + \frac{y}{x} + \frac{z}{y} \geq 3$

Satz 7.2 (Cauchy-Schwarz-Ungleichung)[1] Für alle $a_1, \ldots, a_n, b_1, \ldots, b_n \in \mathbb{R}$ gilt

$$\left(\sum_{j=1}^{n} a_j b_j\right)^2 \leq \left(\sum_{j=1}^{n} a_j^2\right)^2 \cdot \left(\sum_{j=1}^{n} b_j^2\right)^2 \tag{7.3}$$

In (7.3) gilt „=" genau dann, falls ein $c \in \mathbb{R}$ existiert mit $b_1 = ca_1, \ldots, b_n = ca_n$.

Beweis. vgl. z. B. (Engel, 1998, S. 167 ff.)

„Das ist die berühmte Cauchy-Schwarz-Ungleichung. Sie gilt ganz allgemein für beliebige Skalarprodukte", erklärt Anna. „Was hat denn die Ungleichung (7.3) mit Skalarprodukten zu tun?", fragt Steven erstaunt. „Wir haben im letzten Halbjahr das Skalarprodukt im $\mathbb{R}^3$ kennengelernt", wirft Volker ein. „Interpretiert man die Zahlen a_1, a_2, a_3 und b_1, b_2, b_3 als Koordinaten von zwei Vektoren $\mathbf{a}, \mathbf{b} \in \mathbb{R}^3$, kann man die Summen in (7.3) durch Skalarprodukte ausdrücken!" „Gut erkannt, Volker! Auf dieselbe Weise erhält man für jedes $n \in \mathbb{N}$ ein Skalarprodukt im $\mathbb{R}^n$. Allerdings gibt es noch andere Skalarprodukte. Aber genug der Erklärungen, jetzt seid ihr wieder dran."

h) Es gelte $0 < y < x < 4$. Beweise die Ungleichung $\sqrt{x-y} + \sqrt{x+y} < 4$.

i) Es bezeichnet K eine Kugeloberfläche mit Radius 5 um den Mittelpunkt $(1, 2, -3)$. Ferner ist

$$f\colon K \to \mathbb{R}, \quad f(x, y, z) = \sqrt{x^2 + 6z + 48} + \sqrt{y^2 - 2x + 16} + \sqrt{z^2 - 4y + 33}\,. \tag{7.4}$$

Beweise: (i) Die Funktion $f(\cdot, \cdot, \cdot)$ ist auf K wohldefiniert.
(ii) Es ist $|f(x, y, z)| \leq 18$ für alle $(x, y, z) \in K$.

„Es wird Zeit, sich um den alten MaRT-Fall zu kümmern", fährt Anna fort.

j) (alter MaRT-Fall, Teil 1) Bestimme eine obere Schranke $v(n)$ von $w(n) = \sum_{k=1}^{n} \sqrt{k}$. Verwende hierfür unterschiedliche Methoden und vergleiche die Ergebnisse.

k) (alter MaRT-Fall, Teil 2) Bestimme eine untere Schranke $u(n)$ von $w(n) = \sum_{k=1}^{n} \sqrt{k}$.

---

[1] Ungleichung (7.3) wird gelegentlich auch als Cauchy-Bunjakowski-Schwarz-Ungleichung bezeichnet; benannt nach den Mathematikern Augustin-Louis Cauchy (1789–1857), Viktor Jakowlewitsch Bunjakowski (1804–1888) und Hermann Amandus Schwarz (1843–1921).

Nach kurzer Zeit sagt Inez: „Aufgabe k) ist aber einfach!“ und geht zum Whiteboard.

$$w(n) > \int_1^{n+1} \sqrt{x-1}\,dx = \int_0^n \sqrt{x}\,dx = \left[\frac{2}{3}x^{3/2}\right]_0^n = \frac{2}{3}n^{3/2}\,. \tag{7.5}$$

„Das ist völlig richtig“, lobt Anna. „Allerdings geht das sogar noch ein bisschen besser! Es ist nämlich“

$$\int_{k-1}^{k} \sqrt{x}\,dx < \int_{k-0{,}5}^{k+0{,}5} \sqrt{x}\,dx < \sqrt{k} \quad \text{für alle } k \in \mathbb{N} \tag{7.6}$$

l) (alter MaRT-Fall, Teil 3) Beweise die Ungleichung (7.6) und leite hieraus eine untere Schranke $u^*(n)$ von $w(n)$ her.

Danach beschließt Anna den Nachmittag.

Anna und Bernd

Bei einer Tasse heißer Schokolade stellt Anna fest: „Es ist Halbzeit. Mentoring macht mir viel Spaß.“ „Mir auch, Anna“, meint Bernd, „aber die Vorbereitung ist doch viel aufwändiger, als ich gedacht hätte.“ „Zumindest, wenn man es gut machen will. Unsere Schüler sind sehr engagiert, nicht wahr.“ „Da hast du Recht, Anna. Norma und Volker sind besonders gut. Sie haben sich übrigens nach einem begleitendem Schüler-Frühstudium erkundigt.“ „Ich finde auch, dass die beiden dafür geeignet wären“, pflichtet Anna bei.

Was ich in diesem Kapitel gelernt habe

- Ich habe die Rearrangement-Ungleichung kennengelernt und selbst angewandt.
- Ich habe die Cauchy-Schwarz-Ungleichung kennengelernt und selbst angewandt.
- Ich habe unterschiedliche Ansätze miteinander verglichen.

Teil II
Musterlösungen

Teil II enthält ausführliche Musterlösungen zu den Aufgaben aus Teil I. Um umständliche Formulierungen zu vermeiden, wird im Folgenden normalerweise nur der „Kursleiter" angesprochen. Tab. II.1 zeigt die wichtigsten mathematischen Techniken, die in den Aufgabenkapiteln zur Anwendung kommen.

In den Musterlösungen werden auch die mathematischen Ziele der einzelnen Kapitel erläutert, und am Ende werden Ausblicke über den Tellerrand hinaus gegeben, wo die erlernten mathematischen Techniken und Methoden in und außerhalb der Mathematik noch Einsatz finden. Zuweilen wird auf historische Bezüge hingewiesen. Dies mag die Schüler zusätzlich motivieren, sich mit der Thematik des jeweiligen Kapitels weitergehend zu beschäftigen. Außerdem kann es ihr Selbstvertrauen fördern, wenn sie erfahren, dass die erlernten Techniken auch im Studium Anwendung finden.

Jedes Aufgabenkapitel endet mit einer Zusammenstellung „Was ich in diesem Kapitel gelernt habe". Dies ist ein Pendant zu Tab. II.1, allerdings in schülergerechter Sprache. Der Kursleiter kann die Lernerfolge mit den Teilnehmern gemeinsam erarbeiten. Dies kann z. B. beim folgenden Kurstreffen geschehen, um das letzte Kapitel noch einmal zu rekapitulieren.

Tab. II.1 Übersicht: Mathematische Inhalte der Aufgabenkapitel

Kapitel	Mathematische Techniken
Kap. 2	Aufgaben zum Schubfachprinzip und zur vollständigen Induktion, letztere mit Bezug zur Analysis
Kap. 3	Schubfachprinzip, vollständige Induktion, Invarianzprinzip, Extremalprinzip
Kap. 4	Lineare Kongruenzen, square & multiply-Algorithmus
Kap. 5	Eulersche φ-Funktion, Satz von Euler, primitive Wurzeln
Kap. 6	Abschätzungen durch Integrale, GM-AM-QM-Ungleichung, Extremalprobleme
Kap. 7	Rearrangement-Ungleichung, Cauchy-Schwarz-Ungleichung

Musterlösung zu Kap. 2

8

Kap. 2 und 3 befassen sich mit allgemeinen Beweistechniken, die in zahlreichen mathematischen Gebieten Anwendung finden. Wegen ihrer besonderen Bedeutung widmet sich Kap. 2 ausschließlich der vollständigen Induktion und dem Schubfachprinzip, obwohl diese bereits in den Mathematischen Geschichten V (Schindler-Tschirner & Schindler, 2022a, Kap. 2 und 3) bzw. den Mathematischen Geschichten III (Schindler-Tschirner & Schindler, 2021a, Kap. 2) behandelt wurden. In Kap. 2 werden beide Beweistechniken kurz wiederholt. In diesem *essential* befasst sich die vollständige Induktion mit Fragestellungen aus der Analysis. Einige Resultate werden in Band VIII benötigt.

Didaktische Anregung Einigen Schüler dürfte die vollständige Induktion bereits im Schulunterricht begegnet sein, während das Schubfachprinzip im Schulunterricht kaum behandelt wird. Die vollständige Induktion spielt in MINT-Studiengängen eine wichtige Rolle. Zusätzliche Übungsaufgaben zur vollständigen Induktion und zum Schubfachprinzip findet man z. B. in (Meier, 2003, Kap. 4), (Specht et al., 2009, Kap. C.2 und L.3) und (Dalwigk, 2019).

a) *Induktionsanfang:* für $n = 1$: Einsetzen von $n = 1$ ergibt $1+x = \frac{x^2-1}{x-1} = x+1$, womit der Induktionsanfang gezeigt ist.
Induktionsannahme: Für alle $k \leq n$ gilt (2.2).
Induktionsschritt: Einsetzen der Induktionsannahme ergibt

$$1 + x + x^2 + \cdots + x^n + x^{n+1} = \frac{x^{n+1} - 1}{x - 1} + x^{n+1} = \frac{x^{n+2} - 1}{x - 1} \qquad (8.1)$$

S. Schindler-Tschirner und W. Schindler, *Mathematische Geschichten VII – Extremwerte, Modulo und Beweise*, essentials,
https://doi.org/10.1007/978-3-662-67848-0_8

Damit ist Gl. (2.2) bewiesen. Schließlich ist

$$\sum_{j=0}^{\infty} x^j = \lim_{n\to\infty} \sum_{j=0}^{n} x^j = \lim_{n\to\infty} \frac{x^{n+1}-1}{x-1} = \frac{\lim_{n\to\infty} x^{n+1}-1}{x-1} = \frac{0-1}{x-1} = \frac{1}{1-x} \tag{8.2}$$

b) Hier ist $A(n)$ durch $a_n < a_{n+1}$ gegeben ($n \in \mathbb{N}$).
Induktionsanfang: für $n = 1$: Einsetzen liefert $a_1 = 2 < 2,25 = a_2$.
Induktionsannahme: Die Behauptung $A(k)$ ist für alle $k \leq n$ richtig.
Induktionsschritt: Wir betrachten den Quotienten $\frac{a_n}{a_{n+1}}$:

$$\frac{a_n}{a_{n+1}} = \frac{\left(1+\frac{1}{n}\right)^n}{\left(1+\frac{1}{n+1}\right)^{n+1}} = \left(\frac{(n+1)^2}{n(n+2)}\right)^n \cdot \frac{n+1}{n+2} =$$

$$\left(1+\frac{1}{n(n+2)}\right)^n \cdot \frac{n+1}{n+2} = \left(\sum_{j=0}^{n} \binom{n}{j} 1^{n-j} \left(\frac{1}{n(n+2)}\right)^j\right) \cdot \frac{n+1}{n+2} <$$

$$\left(\sum_{j=0}^{n} \left(\frac{1}{n+2}\right)^j\right) \cdot \frac{n+1}{n+2} < \frac{1}{1-\frac{1}{n+2}} \cdot \frac{n+1}{n+2} = \frac{n+2}{n+1} \cdot \frac{n+1}{n+2} = 1 \tag{8.3}$$

Die erste Ungleichung folgt aus $\binom{n}{j} = \frac{n\cdots(n-j+1)}{j!} \leq n^j$ (für $1 \leq j \leq n$), und die zweite Ungleichung ergibt sich aus (2.1) (Summenformel für die geometrische Reihe). Damit ist die Behauptung gezeigt.

Die Gl. (2.2) wurde übrigens schon in (Schindler-Tschirner & Schindler, 2022a, Kap. 2) bewiesen. Der Beweis ist relativ einfach, aber zum Beweis von (8.2) notwendig. Die Formel (8.2) wird in Band VIII benötigt. Der Beweis von Aufgabe b) ist deutlich anspruchsvoller als der Beweis von Aufgabe a). Es sei angemerkt, dass das erläuternde Beispiel zur vollständigen Induktion in Kap. 2 auch direkt mit der Modulo-Rechnung gelöst werden kann:

$$7^{2n} - 2^n \equiv \left(7^2\right)^n - 2^n \equiv 49^n - 2^n \equiv 2^n - 2^n \equiv 0 \bmod 47\,. \tag{8.4}$$

c) Die Schubfächer sind die Reste, die bei der Division durch 23 auftreten können, also die Zahlen $0, 1, \ldots, 22$. Aus dem Schubfachprinzip folgt, dass es $x, y \in Z$ gibt, die denselben 23er-Rest besitzen. Dann ist $x - y$ durch 23 teilbar.
d) Da nur 4 Schubfächer existieren ($(0,0), (0,1), (1,0), (1,1)$), gibt es zwei Punkte P_i und P_k, für die $(x_i (\bmod 2), y_i (\bmod 2)) = (x_k (\bmod 2), y_k (\bmod 2))$

gilt. Es ist $M = \frac{1}{2}(x_i + x_k, y_i + y_k)$ der Mittelpunkt der Strecke $\overline{P_i P_k}$. Aus

$$x_i + x_k \equiv x_i (\text{mod } 2) + x_k (\text{mod } 2) \equiv 0 \text{ mod } 2 \quad \text{folgt } \frac{x_i + x_k}{2} \in \mathbb{Z}. \tag{8.5}$$

Auf dieselbe Weise zeigt man $\frac{y_i + y_k}{2} \in \mathbb{Z}$.

e) Die Menge M besitzt $2^{10} - 1 = 1023$ nichtleere Teilmengen. Für $\emptyset \neq A \subseteq M$ gilt $5 \leq s(A) \leq 98 + \cdots + 107 = 1025$, so dass $s(A)$ nur $2025 - 4 = 2021$ unterschiedliche Werte annehmen kann. Daher existieren nichtleere Teilmengen $B' \neq C'$ von M mit $s(B') = s(C')$ (Schubfachprinzip). Für $B = B' \setminus (B' \cap C')$ und $C = C' \setminus (B' \cap C')$ ist $B \cap C = \emptyset$, $B \neq C$ und $s(B) = s(C)$. Da alle Elemente von M positiv sind und $B \neq C$, ist $B \neq \emptyset$ oder $C \neq \emptyset$ nicht möglich, und die Behauptung ist bewiesen.

In Aufgabe f) wird eine Menge konstruiert, auf die das Schubfachprinzip nicht anwendbar ist. Allerdings kann man mit dem Schubfachprinzip die Eigenschaften herleiten, die ein solches Gegenbeispiel besitzen muss.

f) Wir beweisen, dass die Menge $M = \{1, 2, 4, 8, 16, 32\}$ die Anforderungen der Aufgabe erfüllt. Es bezeichne $\mathscr{P}$ die Potenzmenge von M. Ferner ist die Abbildung $\chi : \mathscr{P} \setminus \{\emptyset\} \to \{1, \ldots, 63\}$, $\chi(A) = (a_5, a_4, a_3, a_2, a_1, a_0)_2$ gegeben, wobei $a_j = 1$ ist, falls $2^j \in A$ und $a_j = 0$, falls $2^j \notin A$. Es bezeichnet $(a_5, a_4, a_3, a_2, a_1, a_0)_2$ die natürliche Zahl, deren Binärziffern a_5 (höchstwertiges Bit), $a_4, \ldots, a_0$ (niederwertigstes Bit) sind. Die Abbildung χ beschreibt eine Bijektion, so dass die erste Anforderung der Aufgabe erfüllt ist. Da $s(\cdot)$ für alle $\emptyset \neq A \subseteq M$ verschieden sein muss und > 0, ist $s(M) = 63$ minimal.

Die drei letzten Aufgaben befassen sich mit dem alten MaRT-Fall und einigen Ergänzungen. Aufgabe i) zeigt, dass das Schubfachprinzip im Allgemeinen nur positive Aussagen liefert.

g) Wir nummerieren 51 Schubfächer mit den Zahlen 1 bis 51. Sieht ein Lernplan eine Aufgabe am Tag n vor, legen wir eine rote Kugel in das Schubfach n und eine blaue Kugel in das Schubfach $n + 13$. Da 52 Kugeln auf 51 Schubfächer verteilt werden, muss in einem Schubfach eine rote und eine blaue Kugel liegen. Daher gibt es keinen Lernplan in 38 Tagen, der die gewünschten Eigenschaften besitzt. (Dass die Kugeln farbig sind, dient lediglich der Verdeutlichung, ist aber für den Beweis eigentlich irrelevant.)

h) Stehen Kim zum Lernen 52 Tage zur Verfügung, gibt es einen geeigneten Lernplan: Kim lernt an den Tagen 1 bis 13 und an den Tagen 27 bis 39.
i) Analog zum alten MaRT-Fall folgt, dass es einen geeigneten Lehrplan in 46 Tagen nicht geben kann (59 Schubfächer für 60 Kugeln). Obwohl das Schubfachprinzip eine Lösung (d. h. einen geeigneten Lernplan) in 47 Tagen nicht ausschließt, existiert dennoch kein geeigneter Lernplan: Für eine Lösung müsste jedes der 60 Schubfächer mit genau einer Kugel belegt sein. Offensichtlich können in den Schubfächern 1 bis 13 nur rote Kugeln und in den Schubfächern 48 bis 60 nur blauen Kugeln liegen. Daher müssten die Schubfächer 14 bis 26 blaue Kugeln und die Schubfächer 35 bis 47 rote Kugeln enthalten. Dann müssten noch vier rote Kugeln in die Schubfächer 27 bis 34 verteilt werden, was aber zu einer Doppelbelegung von vier der Schubfächer 35 bis 47 führen würde.

Mathematische Ziele und Ausblicke

Kap. 2 und 3 behandeln allgemeine Beweistechniken, die in unterschiedlichen mathematischen Gebieten Anwendung finden, etwa in der Analysis, Zahlentheorie, Kombinatorik, Graphentheorie und Geometrie. Obwohl sie bereits in den Mathematischen Geschichten III und V behandelt wurden, werden das Schubfachprinzip und die vollständige Induktion wegen ihrer großen Bedeutung noch einmal aufgegriffen und vertieft. Die vollständige Induktion wird auf Aufgabenstellungen aus der Analysis angewandt, einem ihrer Hauptanwendungsgebiete. Anspruchsvolle Aufgaben findet man auch in der einführenden Universitätsliteratur zur Analysis. In Kap. 3 werden das Extremalprinzip und das Invarianzprinzip eingeführt.

Die behandelten Beweistechniken sind auch für Mathematikwettbewerbe nützlich; z. B. bei den Mathematik-Olympiaden (Mathematik-Olympiaden e. V., 1996, 2022) und beim Bundeswettbewerb Mathematik (Specht et al., 2020). Weitere, auch schwierigere Aufgaben findet der interessierte Leser z. B. in (Meier, 2003), (Specht et al., 2020) und (Engel, 1998). Das Buch von Engel enthält etwa 1300 Aufgaben aus mehr als zwanzig anspruchsvollen nationalen und internationalen Mathematikwettbewerben. Diese Bücher gaben auch Anregungen zu Aufgaben in diesem *essential*.

Musterlösung zu Kap. 3 9

Kap. 3 setzt 2 thematisch fort. Neben einigen Aufgaben zur vollständigen Induktion und zum Schubfachprinzip werden zwei weitere universelle Beweistechniken eingeführt, nämlich das Extremalprinzip und das Invarianzprinzip.

Didaktische Anregung Dieses Kapitel mit vielen, weitestgehend unabhängigen Aufgaben bietet sich an, dass die Schüler zu einer bereits besprochenen Aufgabe einen schriftlichen Beweis anfertigen. Dieser kann beim nächsten Treffen gemeinsam durchgesprochen und ggf. verbessert werden.

a) Für $n = 1, 2, 3$ beträgt die Summe $\frac{1}{2}, \frac{2}{3}, \frac{3}{4}$. Dies motiviert die Vermutung, dass für alle $n \in \mathbb{N}$ die Aussage $A(n)$ gilt: $\sum_{k=1}^{n} \frac{1}{k(k+1)} = 1 - \frac{1}{n+1}$.
Induktionsanfang: für $n = 1$: $\sum_{k=1}^{1} \frac{1}{k(k+1)} = \frac{1}{2} = 1 - \frac{1}{2}$, d. h. $A(1)$ ist richtig.
Induktionsannahme: Für alle $k \leq n$ ist $A(k)$ richtig.
Induktionsschritt: Einsetzen der Induktionsannahme ergibt

$$\sum_{k=1}^{n+1} \frac{1}{k(k+1)} = \sum_{k=1}^{n} \frac{1}{k(k+1)} + \frac{1}{(n+1)(n+2)} = 1 - \frac{1}{n+1} + \frac{1}{(n+1)(n+2)} = 1 - \frac{1}{n+2} \tag{9.1}$$

Aus Gl. (9.1) folgt durch Grenzwertbildung

S. Schindler-Tschirner und W. Schindler, *Mathematische Geschichten VII – Extremwerte, Modulo und Beweise*, essentials,
https://doi.org/10.1007/978-3-662-67848-0_9

$$\sum_{k=1}^{\infty} \frac{1}{k(k+1)} = \lim_{n\to\infty} \sum_{k=1}^{n} \frac{1}{k(k+1)} = \lim_{n\to\infty} \left(1 - \frac{1}{n+1}\right) = 1 - 0 = 1 \tag{9.2}$$

b) Die zentrale Beweisidee besteht darin, den Term $(j+1)x^j$ als Ableitung von x^{j+1} darzustellen. Da die Ableitung einer Summe die Summe der Ableitungen ihrer Summanden ist (und $(x^0)' = 1' = 0$), folgt aus (2.2) (mit $n+1$ anstelle von n):

$$\sum_{j=0}^{n} (j+1)x^j = \sum_{j=0}^{n} \left(x^{j+1}\right)' = \left(\sum_{j=1}^{n+1} x^j\right)' = \left(\sum_{j=0}^{n+1} x^j\right)' = \left(\frac{x^{n+2}-1}{x-1}\right)' =$$
$$\frac{(x-1)\left((n+2)x^{n+1}\right) - \left(x^{n+2}-1\right)}{(x-1)^2} = \frac{(n+1)x^{n+2} - (n+2)x^{n+1} + 1}{(x-1)^2} \tag{9.3}$$

c) Wegen $m \cdot 0^m = 0$ und $|mx^m| = m|x|^m$ genügt es, die Aussage (3.2) für $x \in (0,1)$ zu zeigen. Mit dem Satz von L'Hopital beweisen wir sogar eine etwas stärkere Aussage, indem wir reelle Exponenten zulassen. Dazu definieren wir die Funktionen $g, h_x \colon (0,\infty) \to \mathbb{R}$ durch $g(y) = y$ und $h_x(y) = (\frac{1}{x})^y$. Es ist $\lim_{y\to\infty} g(y) = \lim_{y\to\infty} h_x(y) = \infty$. Mit der Kettenregel erhält man $h_x'(y) = (e^{y\ln(\frac{1}{x})})' = \ln(\frac{1}{x}) h_x(y)$, und mit dem Satz von L'Hopital folgt (3.2):

$$\lim_{y\to\infty} yx^y = \lim_{y\to\infty} \frac{g(y)}{h_x(y)} = \lim_{y\to\infty} \frac{g'(y)}{h_x'(y)} = \lim_{y\to\infty} \frac{1}{\ln(\frac{1}{x}) \cdot (\frac{1}{x})^y} = \lim_{y\to\infty} \frac{x^y}{\ln(\frac{1}{x})} = 0\,. \tag{9.4}$$

Aus (9.4) folgen $\lim_{m\to\infty}(m+1)x^{m+2} = x \cdot \lim_{m\to\infty}(m+1)x^{m+1} = 0$ und $\lim_{m\to\infty}(m+2)x^{m+1} = \frac{1}{x} \cdot \lim_{m\to\infty}(m+2)x^{m+2} = 0$. Mit (9.3) folgt

$$\sum_{k=0}^{\infty} (k+1)x^k = \lim_{n\to\infty} \sum_{k=0}^{n} (k+1)x^k = \lim_{n\to\infty} \frac{(n+1)x^{n+2} - (n+2)x^{n+1} + 1}{(x-1)^2} =$$
$$\frac{\lim_{n\to\infty}(n+1)x^{n+2} - \lim_{n\to\infty}(n+2)x^{n+1} + 1}{(x-1)^2} = \frac{0-0+1}{(x-1)^2} = \frac{1}{(1-x)^2} \tag{9.5}$$

d) (i) Es finden $\binom{n}{2} = \frac{n(n-1)}{2}$ Spiele statt.
(ii) Es gibt n Schubfächer $(0,\ldots,n-1)$. Wir ordnen einen Spieler dem Schubfach j zu, wenn er bislang j Spiele absolviert hat. Die Schubfächer 0 und $n-1$ können nicht gleichzeitig belegt sein, weil dies einerseits bedeuten würde, dass ein Spieler schon alle Spiele absolviert hat, ein anderer jedoch gar keines. Daher können zu jedem Zeitpunkt höchstens $n-1$ Schubfächer belegt sein. Aus dem

Schubfachprinzip folgt, dass mindestens ein Schubfach doppelt belegt ist, womit die Behauptung bewiesen ist.

Die Aufgaben a), b) und d) dienten der Vertiefung der vollständigen Induktion und des Schubfachprinzips, während c) die Ergebnisse von b) verwendet und Techniken aus der Analysis zum Einsatz kommen. Es folgen mehrere Übungsaufgaben zum Extremalprinzip, das in Kap. 3 eingeführt wurde. Aufgabe e) kombiniert das Extremalprinzip mit dem Schubfachprinzip.

e) Es bezeichne P einen konvexen Polyeder und m die maximale Kantenanzahl seiner Seitenflächen. Es sei F eine Seitenfläche mit m Kanten (Extremalprinzip!). Dann grenzen m Seitenflächen an F an, so dass P mindestens $m + 1$ Seitenflächen besitzt. Deren Kantenanzahlen liegen in $\{3, 4, \ldots, m\}$. Aus dem Schubfachprinzip ($\geq m + 1$ Seitenflächen, $m - 2$ mögliche Kantenanzahlen) folgt, dass P zwei Seitenflächen mit der gleichen Anzahl an Kanten besitzt.
f) Angenommen, Gl. (3.3) besitzt neben $(0, 0, 0, 0)$ noch weitere Lösungen (u, v, w, x). Dann gibt es darunter eine (nicht notwendigerweise eindeutig bestimmte) Lösung, für die $u^2 + v^2 > 0$ minimal ist (Extremaleigenschaft!). Es sei (u_*, v_*, w_*, x_*) eine solche Lösung. Wegen (3.3) ist $u_*^2 + v_*^2$ durch 7 teilbar. Man rechnet leicht nach, dass $z^2(\bmod 7) \in \{0, 1, 2, 4\}$ für alle $z \in Z$ ist. Also kann $u_*^2 + v_*^2 \equiv 0 \bmod 7$ nur gelten, falls $u_*^2(\bmod 7), v_*^2(\bmod 7) = 0$. Hieraus folgt unmittelbar $u_*(\bmod 7), v_*(\bmod 7) = 0$. Also ist $u_* = 7u'$ und $v_* = 7v'$ mit $u', v' \in \mathbb{N}_0$. Einsetzen in Gl. (3.3) und die Division durch 7 ergeben die Gleichung $7\left(u'^2 + v'^2\right) = w^2 + x^2$. Auf die gleiche Weise erhält man eine weitere Gleichung $u'^2 + v'^2 = 7\left(w'^2 + x'^2\right)$ mit $w', x' \in \mathbb{N}_0$. Dann wäre (u', v', w', x') eine weitere Lösung von Gl. (3.3). Wegen $u'^2 + v'^2 = \frac{1}{49}(u_*^2 + v_*^2)$ widerspricht dies der Minimaleigenschaft von (u_*, v_*, w_*, x_*). Also ist $(0, 0, 0, 0)$ die einzige Lösung von (3.3) in $\mathbb{N}_0{}^4$.
g) Die Beweisstrategie aus Aufgabe f) funktioniert hier nicht, weil hier $u_*^2(\bmod 5), v_*^2(\bmod 5) \in \{0, 1, 4\}$ ist, so dass aus $u_*^2 + v_*^2 \equiv 0 \bmod 5$ nicht notwendigerweise $u_*(\bmod 5), v_*(\bmod 5) = 0$ folgt; beispielsweise erfüllen auch $u_* \equiv 1 \bmod 5$ und $v_* \equiv 2 \bmod 5$ die Kongruenz. Es bricht aber nicht nur der Beweis zusammen, sondern es ist z. B. $(3, 1, 1, 1)$ auch eine Lösung von Gl. (3.4).
h) Es bezeichnen $K_1, \ldots, K_{23}$ die 23 Kinder. Wir nehmen an, dass Kind K_m die größte Anzahl an Freunden unter allen Kindern hat (f_{max} Freunde, Extremalprinzip!). Es bezeichne $G \subseteq \{1, \ldots, 23\}$ die Menge aller Kinder, mit denen K_m nicht befreundet ist. Es ist $|G| = 23 - f_{max} - 1 = 22 - f_{max}$. Sind $K_i, K_j \in G$,

so sind weder K_m und K_i noch K_m und K_j befreundet. Daher müssen K_i und K_j befreundet sein. Da $K_i, K_j \in G$ beliebig waren, haben alle Kinder aus G mindestens $21 - f_{max}$ Freunde. Wäre $f_{max} < 11$, so wäre $21 - f_{max} \geq 11$. Das würde der Maximalität von f_{max} widersprechen, womit (i) bewiesen ist.
Das folgende Beispiel erfüllt die Voraussetzungen der Aufgabe und zeigt, dass die Schranke 11 im Allgemeinen nicht erhöht werden kann: Innerhalb von $M_1 = \{1, \ldots, 12\}$ und $M_2 = \{13, \ldots, 23\}$ sind alle Kinder miteinander befreundet, aber es gibt keine Freundschaften zwischen M_1 und M_2.

Die verbleibenden Aufgaben üben das Invarianzprinzip. Die Hauptschwierigkeit besteht normalerweise darin, eine Invariante zu finden. Ist dies erst einmal gelungen, ist der Rest meist nicht mehr schwierig.

i) vgl. Musterlösung zu Aufgabe j).
j) Zunächst berechnet man $13^{202} \equiv 4^{202} \equiv 4^{3\cdot 67+1} \equiv \left(4^3\right)^{67} \cdot 4^1 \equiv 1^{67} \cdot 4 \equiv 4 \bmod 9$. Da der 9er-Rest invariant unter Quersummenbildung ist, folgt daraus schrittweise, dass auch $Q\left(13^{202}\right)$, $Q\left(Q\left(13^{202}\right)\right)$ und $Q\left(Q\left(Q\left(13^{202}\right)\right)\right)$ den 9er-Rest 4 besitzen. Aus $\log_{10}\left(13^{202}\right) = 202 \log_{10}(13) \approx 225,01$ folgt, dass 13^{202} aus 226 Dezimalziffern besteht und damit $Q\left(13^{202}\right) \leq 9 \cdot 226 = 2034$. Somit sind $Q\left(Q\left(13^{202}\right)\right) \leq 1+9+9+9 = 28$ und $Q\left(Q\left(Q\left(13^{202}\right)\right)\right) \leq 10$. Daher ist $Q\left(Q\left(Q\left(13^{202}\right)\right)\right) = 4$.
k) Das Anwenden der Spielregeln (R1) und (R2) erhöht die Gesamtanzahl der Spielsteine um 3, während Spielregel (R3) die Gesamtanzahl der Spielsteine um 3 reduziert. Also bleibt der Dreierrest der Gesamtanzahl der Spielsteine (auf allen drei Haufen) während des gesamten Spiels konstant. Dies ist die gesuchte Invariante. Wegen $21+30+41 \equiv 0+0+2 \equiv 2 \bmod 3$ und $1+1+1 \equiv 0 \bmod 3$ gibt es keine Spielstrategie mit den geforderten Eigenschaften.
l) Es bezeichne U die Menge aller Spieler, die bislang eine ungerade Anzahl von Spielen absolviert haben und G die Menge der Spieler, die bislang eine gerade Anzahl von Spielen absolviert haben. Im nächsten Spiel spielt Spieler x gegen Spieler y. Ist $x, y \in U$, reduziert sich $u = |U|$ um 2, und für $x, y \in G$ erhöht sich u um 2. Ist $x \in U, y \in G$ oder $x \in G, y \in U$, so bleibt u konstant. Daher ist $u \pmod 2$ eine Invariante. Da vor Beginn des Turniers $u = 0$ ist, ist damit die Behauptung bewiesen.

Mathematische Ziele und Ausblicke

vgl. Kap. 8.

Musterlösung zu Kap. 4 10

Kap. 4 und 5 setzen voraus, dass die Schüler mit der Modulo-Rechnung vertraut sind und den erweiterten Euklidischen Algorithmus kennen. Diese Vorkenntnisse wurden in den Mathematischen Geschichten II, IV und VI erarbeitet. Kap. 4 befasst sich ausgiebig mit der Lösung von linearen Kongruenzen. Dies verallgemeinert (Schindler-Tschirner & Schindler, 2022b, Kap. 3 und 6), wo nur Primzahlen als Moduln zugelassen waren. Außerdem lernen die Schüler den square & multiply-Algorithmus kennen.

Didaktische Anregung Es kann notwendig sein, dass der Kursleiter zunächst die angesprochenen Vorkenntnisse auffrischt bzw. neu einführt; vgl. z. B. (Menzer et al., 2014), (Bartholomé et al., 2010) oder Kap. 4, Fußnote 1.

a) Durch Ausprobieren erhält man die Lösungsmengen $L_{(i)} = \{3\}$, $L_{(ii)} = \{\}$, $L_{(iii)} = \{1, 3, 5\}$. In der Aufgabe treten alle angesprochenen Fälle auf.
b) Es sei $x \in Z$ eine Lösung von (4.1) und $k \in Z$. Für $x' = x + km$ gilt

$$ax' + b = a(x + km) + b = ax + akm + b \equiv ax + 0 + b \mod m \qquad (10.1)$$

Ist also $x \in Z$ eine Lösung von (4.1), dann auch $x + km$ für alle $k \in Z$.
c) Aus a) und (4.2) folgen unmittelbar (i) $L_{Z,(i)} = \{3 + 8z \mid z \in Z\}$, $L_{Z,(ii)} = \{\}$ und $L_{Z,(iii)} = \{1 + 6z, 3 + 6z, 5 + 6z, \mid z \in Z\}$.
d) Es seien $a \equiv a'(\operatorname{mod} m)$ und $b \equiv b'(\operatorname{mod} m)$. Dann ist $a' = a + km$, $b' = b + \ell m$ für geeignete $k, \ell \in Z$. Daraus folgt die Behauptung.

$$a'x+b' = (a+km)x+(b+\ell m) = ax+b+(kx+\ell)m \equiv ax+b \mod m \qquad (10.2)$$

S. Schindler-Tschirner und W. Schindler, *Mathematische Geschichten VII – Extremwerte, Modulo und Beweise*, essentials,
https://doi.org/10.1007/978-3-662-67848-0_10

e) Für $a \in Z$ liefert der verallgemeinerte Euklidische Algorithmus $x, y \in Z$, für die $ax + my = \text{ggT}(a, m)$ gilt. (Beachte: Für diesen (und weitere) Beweise genügt es, dass solche Zahlen x, y existieren!) Daraus folgt $ax + my \equiv ax + 0 \equiv \text{ggT}(a, m) \bmod m$. Ist $\text{ggT}(a, m) = 1$, so gilt $ax \equiv 1 \bmod m$, und $b = x(\bmod m)$ erfüllt die Anforderung der Aufgabe. Es sei nun $\text{ggT}(a, m) = g > 1$. Für jedes $z \in Z$ ist az ein ganzzahliges Vielfaches von g, also $az \equiv jg \bmod m$ für ein $j = 0, \ldots, \frac{m}{g} - 1$. Mit anderen Worten: Gilt $\text{ggT}(a, m) = g > 1$, existiert kein $b \in Z_m$ mit $ab \equiv 1 \bmod m$.

f) Offensichtlich ist $ab \equiv ab(\bmod m) \bmod m$. Es gelte $ab \equiv ab' \equiv 1 \bmod m$ für $b, b' \in Z_m$. Subtraktion und Ausklammern ergeben $a(b - b') \equiv 0 \bmod m$, d. h. $a(b - b') = zm$ für ein $z \in Z$. Wegen $\text{ggT}(a, m) = 1$ muss $b - b'$ ein ganzzahliges Vielfaches von m sein, d. h. $b = b'$.

g) Mit Gl. (4.4) berechnet man $Z_4^* = \{1, 3\}$, $Z_5^* = \{1, 2, 3, 4\}$ und $Z_{10}^* = \{1, 3, 7, 9\}$. Es ist $Z_p^* = \{1, 2, \ldots, p-1\}$, da $\text{ggT}(j, p) = 1$ für $1 \leq j \leq p-1$.

Die Vorarbeiten sind abgeschlossen. Wir wenden uns dem alten MaRT-Fall zu.

h) Die Kongruenz (10.3) (=(4.1)) wird in zwei Schritten in (10.5) überführt.

$$2ax + b \equiv 0 \bmod m \qquad | -b \bmod m \tag{10.3}$$

$$ax \equiv -b \bmod m \qquad | \cdot a^{-1} \bmod m \tag{10.4}$$

$$x \equiv -a^{-1}b \bmod m \tag{10.5}$$

Die Umformungen von Gl. (10.3) und (10.4) können durch „$+ b \bmod m$" bzw. „$\cdot a \bmod m$" umgekehrt werden. Also handelt es sich um Äquivalenzumformungen. Daher sind die Kongruenzen (10.3), (10.4) und (10.5) gleichwertig. Also ist $L = \{-a^{-1}b(\bmod m)\}$, und die Lösung von (10.3) in Z_m eindeutig.

i) Für alle $z \in Z$ ist az ein Vielfaches von g. Da g ein Teiler von m ist, folgt daraus $\{(az)(\bmod m) \mid z \in Z\} \subseteq \{jg \mid 0 \leq j \leq \frac{m}{g} - 1\}$. Der erweiterte Euklidische Algorithmus liefert $x, y \in Z$ mit $ax + my = g$, d. h. $ax \equiv g \bmod m$. Daraus folgt $a(jx) \equiv jg \bmod m$, und damit ist auch „$\supseteq$" gezeigt.

j) Es sei $g < m$. Wegen $\text{ggT}(a, m) = g$ ist $a = cg$ für ein $c \in Z$ mit $\text{ggT}(c, \frac{m}{g}) = 1$. Die Kongruenz $az \equiv 0 \bmod m$ ist gleichwertig dazu, dass $cgz = \ell m$ bzw. $cz = \ell \frac{m}{g}$ für ein $\ell \in Z$ gilt. Da c und $\frac{m}{g}$ teilerfremd sind, ist dies genau dann der Fall, wenn z ein ganzzahliges Vielfaches von $\frac{m}{g}$ ist. Daraus folgt $L_{Z,0}$ und mit (4.2) auch L_0.

$$L_{Z,0} = \{y\frac{m}{g} \mid y \in Z\} \quad \text{und} \quad L_0 = \{j\frac{m}{g} \mid 0 \leq j \leq g - 1\} \tag{10.6}$$

Für den Spezialfall $\mathrm{ggT}(a, m) = m$ ist $L_Z = Z$, und (10.6) ist ebenfalls richtig.

k) Es ist $\mathrm{ggT}(9, 30) = 3$. Aus Aufgabe j) folgt unmittelbar $L_0 = \{0, 10, 20\}$.

l) Die Kongruenz $ax + b \equiv 0 \bmod m$ ist gleichwertig dazu, dass $ax + b = km$ ist für ein $k \in Z$. Umformen der Gleichung ergibt $b = km - ax = g\left(k\frac{m}{g} - \frac{a}{g}x\right)$. Daher besitzt (4.1) keine Lösungen in Z und Z_m^*, falls b kein Vielfaches von g ist. Es sei nun $b = zg$ für ein $z \in Z$. Der verallgemeinerte Euklidische Algorithmus liefert $x, y \in Z$ mit $ax + my = g$. Multiplizieren mit $(-z)$ ergibt $a(-zx) + m(-zy) \equiv -zg \equiv -b \bmod m$. Also ist $x_1 = -zx \in L_Z$. Für $x_0 \in L_0$ ist $a(x_1 + x_0) \equiv ax_1 + ax_0 \equiv ax_1 \bmod m$, und damit ist auch $(x_1 + x_0) \in L_Z$. Umgekehrt folgt aus $x', x'' \in L_Z$, dass $a(x' - x'') \equiv 0 \bmod m$, d. h. $x' - x'' \in L_{Z,0}$. Damit ist (10.7) gezeigt, und mit (10.6) folgt auch (10.8).

$$L_Z = \{x_1 + x_0 \mid x_0 \in L_{Z,0}\} = \{x_1 + k\frac{m}{g} \mid k \in Z\} \quad \text{und} \tag{10.7}$$

$$L = \{(x_1 + j\frac{m}{g})(\mathrm{mod}\, m) \mid 0 \le j \le g - 1\} \quad \text{falls } b = zg \text{ für ein } z \in Z \tag{10.8}$$

Es ist also $|L| = |L_0| = g$. Es sei angemerkt, dass in (10.7) und (10.8) x_1 durch jede andere Lösung $x_1' \in L_Z$ ersetzt werden kann.

m) (i) In der linken Spalte von (10.9)–(10.11) wird $\mathrm{ggT}(7, 30)$ mit dem Euklidischen Algorithmus berechnet, und die rechte Spalte illustriert den erweiterten Euklidischen Algorithmus. Die Gl. (10.9) und (10.10) werden nach 2 bzw. 1 umgestellt, und danach wird (10.9) in (10.10) eingesetzt.

$$30 = 4 \cdot 7 + 2 \qquad 2 = 1 \cdot 30 - 4 \cdot 7 \tag{10.9}$$

$$7 = 3 \cdot 2 + 1 \qquad 1 = 1 \cdot 7 - 3 \cdot 2 \tag{10.10}$$

$$2 = 2 \cdot 1 \qquad = 1 \cdot 7 - 3(1 \cdot 30 - 4 \cdot 7) = 13 \cdot 7 - 3 \cdot 30 \tag{10.11}$$

Es ist also $\mathrm{ggT}(30, 7) = 1$ und $7 \cdot 13 - 30 \cdot 3 = 1$. Also ist $7 \cdot 13 \equiv 1 \bmod 30$, d. h. $7^{-1}(\mathrm{mod}\, 30) = 13$. Aus (10.5) folgt $x \equiv -13 \cdot 3 \equiv -39 \equiv 21 \bmod 30$. Es ist $x = 21$ die einzige Lösung in Z_{30}.

(ii) Es ist $\mathrm{ggT}(9, 30) = 3$. Aus Aufgabe l) wissen wir, dass die Kongruenz $9x + b \equiv 0 \bmod 30$ für $b = 8$ keine Lösung besitzt, da $8 \not\equiv 0 \bmod 3$.

(iii) Für $b = 9$ existieren 3 Lösungen in Z_{30}. Offensichtlich ist $x_1 = 1$ eine Lösung von (iii), und aus (10.8) folgt $L = \{1+0, 1+10, 1+20\} = \{1, 11, 21\}$.

n) Aus Aufgabe l) folgt: $|L_0| = |L| = 3$ und $L_0 = \{40 - 40, 40 - 24, 40 - 8\} = \{0, 16, 32\}$. Also ist $\frac{m}{3} = 16$, d. h. $m = 48$. Es ist $\mathrm{ggT}(a, 48) = 3$ für $a \in \{3, 9, 15, 21, 27, 33, 39, 45\}$, während b durch a eindeutig bestimmt ist.

Es gibt also 8 Tripel $(a, b, 48)$, die die Anforderungen der Aufgabe erfüllen. Beispiel: $(a, b, m) = (21, 24, 48)$.

Didaktische Anregung Das Lösen von Gleichungen (üblicherweise über $\mathbb{R}$) gehört zu den Kernkompetenzen von Schülern. Es wird angeregt, die Besonderheiten zu thematisieren, die bei der Lösung linearer Kongruenzen auftreten. Insbesondere sollte der Zusammenhang zwischen den Lösungen von (4.1) und der zugehörigen homogenen Kongruenz (4.5) herausgearbeitet werden. Dabei könnte es hilfreich sein, diese Eigenschaft mit linearen Gleichungssystemen über $\mathbb{R}$ zu vergleichen.

o) Es ist $\log_{10}(345231^{123456}) = 123456 \log_{10}(345231) \approx 683.712,9$. Die Zahl x^d besteht also aus 683.713 Dezimalziffern und ist etwas mehr als 3418 m lang.
p) Es ist $11 = (1011)_2$. Bei der Berechnung von $27^{11} (\text{mod}\ 100)$ treten folgende Zwischenwerte auf: temp $= 27$, $(d_2 = 0)$ temp $= 29$, $(d_1 = 1)$ temp $= 41$, temp $= 7$, $(d_0 = 1)$ temp $= 49$, temp $= 23$ (Endergebnis).
Es ist $9 = (1001)_2$. Bei der Berechnung von $35^9 (\text{mod}\ 89)$ treten folgende Zwischenwerte auf: temp $= 35$, $(d_2 = 0)$ temp $= 68$, $(d_1 = 0)$ temp $= 85$, $(d_0 = 1)$ temp $= 16$, temp $= 26$ (Endergebnis).
q) Der Beweis wird mit vollständiger Induktion geführt. Für $m \in \{1, \ldots, w\}$ lautet die Aussage $A(m)$: Nachdem die Schleife für $k = w - m$ durchlaufen wurde, ist temp $= y^{(d_{w-1},\ldots,d_{w-m})_2} (\text{mod}\ n)$. Die Aussage $A(w)$ bedeutet, dass Algorithmus 1 den Wert temp $= y^d (\text{mod}\ n)$ ausgibt, woraus dessen Korrektheit folgt.
Induktionsanfang: für $m = 1$: Für $m = 1$ ist $k = w - 1$. Wir interpretieren dies so, dass sich Algorithmus 1 unmittelbar vor dem Beginn der Schleife befindet. Es ist temp $= y^1 = y^{(d_{w-1})_2}$.
Induktionsannahme: Die Behauptung $A(k)$ ist für alle $k \leq m$ richtig.
Induktionsschritt: Für $k = w - (m + 1)$ gilt nach der Quadrierung

$$\text{temp} \equiv y^{(d_{w-1},\ldots,d_{w-m})_2} (\text{mod}\ n) \cdot y^{(d_{w-1},\ldots,d_{w-m})_2} (\text{mod}\ n) \equiv$$
$$y^{(d_{w-1},\ldots,d_{w-m})_2} \cdot y^{(d_{w-1},\ldots,d_{w-m})_2} \equiv y^{(d_{w-1},\ldots,d_{w-m},0)_2} \bmod n \tag{10.12}$$

Ist $d_{w-(m+1)} = 1$, wird noch eine Multiplikation durchgeführt. Danach gilt temp $\equiv y^{(d_{w-1},\ldots,d_{w-m},1)_2} \bmod n$, und wegen temp $\in Z_m$ ist alles gezeigt.

Mathematische Ziele und Ausblicke

vgl. Kap. 11.

Musterlösung zu Kap. 5

11

Kap. 5 setzt die Modulo-Rechnung fort. Allerdings steht nicht mehr das Lösen von Kongruenzen im Fokus, sondern die Eulersche φ-Funktion und der Satz von Euler. Die beiden ersten Aufgaben wiederholen zunächst den Stoff aus Kap. 4.

a) Da $\text{ggT}(4, 11) = 1$, gibt es genau eine Lösung in Z_{11}. Mit dem erweiterten Euklidischen Algorithmus (oder durch Probieren) erhält man $3 = 4^{-1}(\text{mod } 11)$, woraus $x \equiv 3 \cdot 3 \equiv 9 \bmod 11$ folgt. Mit den Bezeichnungen aus Kap. 4 folgt $L = \{9\}$ und $L_Z = \{9 + 11z \mid z \in Z\}$.
b) Es ist $94^{17} \equiv 23^{17} \bmod 71$ und $17 = (10001)_2$. Der square & multiply-Algorithmus liefert folgende Zwischenwerte: temp = 23 (Basis), 32, 30, 48, 32, 26 (Ergebnis).
c) Anwenden der Definition ergibt: $\varphi(1) = 1$, $\varphi(9) = 6$, $\varphi(22) = 10$ und $\varphi(24) = 8$.
d) Für jede Primzahl p ist $\text{ggT}(j, p) = 1$ für $1 \le j \le p - 1$ und $\text{ggT}(p, p) = 1$, d. h. $\varphi(p) = p - 1$. Für $j \in \{1, \ldots, p^k\}$ ist $\text{ggT}(j, p) > 1$ genau dann, wenn j ein Vielfaches von p ist. Es gibt p^{k-1} solcher Zahlen. Daher ist $\varphi(p^k) = p^k - p^{k-1} = (p - 1)p^{k-1}$.
e) Es seien i, j fest, $g = \text{ggT}(j, n)$ und $g' = \text{ggT}(ni + j, n)$. Also ist $\frac{j}{g}, \frac{n}{g} \in Z$ und damit auch $\frac{ni+j}{g} = \frac{n}{g}i + \frac{j}{g} \in Z$. Also ist g ein Teiler von g'. Auf die gleiche Weise zeigt man, dass g' ein Teiler von g ist, woraus schließlich $g = g'$ folgt.

Der Beweis der Rechenregel f) ist eindeutig schwieriger als der von d). Es kommt die Siebformel zur Anwendung, die die Schüler bereits in den „Mathematischen Geschichten VI“ kennengelernt haben. Vermutlich muss der Kursleiter helfen.

S. Schindler-Tschirner und W. Schindler, *Mathematische Geschichten VII – Extremwerte, Modulo und Beweise*, essentials,
https://doi.org/10.1007/978-3-662-67848-0_11

f) Es seien $A = \{j \mid 1 \le j \le ab, \mathrm{ggT}(j, a) > 1\}$ und $B = \{j \mid 1 \le j \le ab, \mathrm{ggT}(j, b) > 1\}$. Mit der Siebformel erhält man

$$\varphi(ab) = ab - |A \cup B| = ab - (|A| + |B| - |A \cap B|) \tag{11.1}$$

Es bleibt, die Terme $|A|$, $|B|$ und $|A \cap B|$ zu bestimmen. Es ist $\{1, \ldots, ab\} = \{aj + i \mid 1 \le i \le a, 0 \le j \le b - 1\}$. Wir schreiben die Zahlen $1, \ldots, ab$ in b Zeilen und a Spalten, wobei in Zeile j die Zahlen $aj + 1, \ldots, a(j + 1)$ stehen. Aus Aufgabe e) folgt $A = \{aj + i \mid 1 \le i \le a, \mathrm{ggT}(i, a) > 1, 0 \le j \le b - 1\}$. Daher ist $|A| = (a - \varphi(a))b$. Genauso zeigt man $|B| = (b - \varphi(b))a$.
Ist $\mathrm{ggT}(i_0, a) = 1$, ist keine Zahl in $S(i_0) := \{aj + i_0 \mid 0 \le j \le b - 1\}$ (Spalte i_0) in $A \supseteq A \cap B$ enthalten. Es sei nun $\mathrm{ggT}(i_0, a) > 1$. Aus $aj + i_0 \equiv aj' + i_0 \mod b$ folgt nach Subtraktion $a(j - j') \equiv 0 \mod b$, und wegen $\mathrm{ggT}(a, b) = 1$ muss $j - j'$ ein Vielfaches von b sein. Aus $j, j' \in \{0, \ldots, b - 1\}$ folgt $j = j'$. Daher besitzen die Elemente in $S(i_0)$ paarweise verschiedene b-Reste. Aus e) folgt, dass für ebenso viele Elemente in $S(i_0)$ der ggT mit b größer 1 ist wie für $\{1, \ldots, b\}$. Letzeres sind $b - \varphi(b)$ Elemente. Daher ist $|A \cap B| = (b - \varphi(b))(a - \varphi(a))$. Einsetzen in (11.1) und Zusammenfassen ergibt die Behauptung:

$$\varphi(ab) = ab - (a - \varphi(a))b - (b - \varphi(b))a + (b - \varphi(b))(a - \varphi(a)) = \varphi(a)\varphi(b) \tag{11.2}$$

g) Mit Hilfe der Rechenregeln d) und f) ist die Berechnung der Funktionswerte einfach: $\varphi(145) = \varphi(5 \cdot 29) = 4 \cdot 28 = 112$, $\varphi(10^k) = \varphi(2^k \cdot 5^k) = \varphi(2^k) \cdot \varphi(5^k) = 1 \cdot 2^{k-1} \cdot 4 \cdot 5^{k-1} = 4 \cdot 10^{k-1}$, $\varphi(1000.000) = 400.000$ und $\varphi(2023) = \varphi(7 \cdot 17^2) = 6 \cdot 16 \cdot 17 = 1632$.

h) Aufgabe h) ist eine einfache Schlussfolgerung aus f). Der Beweis wird mit vollständiger Induktion geführt. Es sei $A(m)$ die Behauptung der Aufgabe.
Induktionsanfang: für $m = 2$: Dass $A(2)$ richtig ist, wurde bereits in f) bewiesen.
Induktionsannahme: Die Behauptung $A(k)$ ist für alle $k \le m$ richtig.
Induktionsschritt: Nach Voraussetzung sind $a_1, \ldots, a_m, a_{m+1}$ teilerfremd, und damit sind es auch $(a_1 \cdots a_m)$ und a_{m+1}. Mit f) und der Induktionsannahme folgt

$$\varphi(a_1 \cdots a_{m+1}) = \varphi(a_1 \cdots a_m)\varphi(a_{m+1}) = \varphi(a_1) \cdots \varphi(a_m) \cdot \varphi(a_{m+1}) \tag{11.3}$$

i) Mit den Rechenregeln d) und f) folgt

$$\varphi(10!) = \varphi(2 \cdot 3 \cdot 2^2 \cdot 5 \cdot 2 \cdot 3 \cdot 7 \cdot 2^3 \cdot 3^2 \cdot 2 \cdot 5) = \varphi(2^8 \cdot 3^4 \cdot 5^2 \cdot 7^1) =$$
$$\varphi(2^8)\varphi(3^4)\varphi(5^2)\varphi(7^1) = 2^7 \cdot 2 \cdot 3^3 \cdot 4 \cdot 5 \cdot 6 = 2^{11} \cdot 3^4 \cdot 5 = 829.440 \tag{11.4}$$

j) Mit Hilfe von f) und d) erhält man

$$\begin{aligned}\varphi(n) &= \varphi(p_1^{\alpha_1}\cdots p_k^{\alpha_k}) = \varphi(p_1^{\alpha_1})\cdots\varphi(p_k^{\alpha_k})\\ &= (p_1-1)p_1^{\alpha_1-1}\cdots(p_k-1)p_k^{\alpha_k-1}\end{aligned} \tag{11.5}$$

k) Die Kongruenz ist genau dann eindeutig lösbar, falls $\mathrm{ggT}(a, 2024) = 1$ ist, während b hierfür irrelevant ist. Die gesuchte Wahrscheinlichkeit beträgt daher

$$\frac{\varphi(2024)}{2024} = \frac{\varphi(2^3\cdot 11\cdot 23)}{2^3\cdot 11\cdot 23} = \frac{2^2\cdot 10\cdot 22}{2^3\cdot 11\cdot 23} = \frac{2^4\cdot 5\cdot 11}{2^3\cdot 11\cdot 23} = \frac{2\cdot 5}{23} = \frac{10}{23} \tag{11.6}$$

l) Es sei $n = p_1^{\alpha_1}\cdots p_k^{\alpha_k}$ die Primzahlzerlegung von n.

$$\frac{\varphi(n)}{n} = \frac{\varphi(p_1^{\alpha_1}\cdots p_k^{\alpha_k})}{p_1^{\alpha_1}\cdots p_k^{\alpha_k}} = \frac{\varphi(p_1^{\alpha_1})}{p_1^{\alpha_1}}\cdots\frac{\varphi(p_k^{\alpha_k})}{p_k^{\alpha_k}} = \frac{p_1-1}{p_1}\cdots\frac{p_k-1}{p_k} \tag{11.7}$$

Der Quotient $\frac{\varphi(p_j^{\alpha_j})}{p_j^{\alpha_j}}$ hängt nicht von α_j ab, und jeder dieser Quotienten ist < 1. Die Funktion $f\colon \mathbb{N}\to\mathbb{R}$, $f(n) := \frac{n-1}{n} = 1-\frac{1}{n}$ ist streng monoton wachsend. Daher wird das gesuchte Minimum für $n^* = 2\cdot 3\cdot 5\cdot 7\cdot 11\cdot 13\cdot 17 = 510.510$ angenommen (möglichst kleine Primzahlen, alle $\alpha_j = 1$). Es ist $\varphi(510.510) = 92.160$ und das gesuchte Minimum beträgt $\frac{\varphi(n^*)}{n^*} \approx 0{,}181$.

Mit Hilfsmitteln aus der elementaren Gruppentheorie kann man Satz 5.1 relativ einfach beweisen. Da die Schüler in aller Regel nicht über diese Vorkenntnisse verfügen, verzichten wir auf einen Beweis der Sätze 5.1 und 5.2. Übrigens wurde der kleine Satz von Fermat (in einer anderen Formulierung) bereits in (Schindler-Tschirner & Schindler, 2022b, Kap. 7) bewiesen.

m) Es ist $\mathrm{ggT}(11, 101) = 1$ und $\varphi(101) = 100$. Mit dem Satz von Euler folgt $11^{103} \equiv 11^{100}\cdot 11^3 \equiv 1\cdot 1331 \equiv 18 \mod 101$. Ebenso ist $\mathrm{ggT}(23, 100) = 1$, $\varphi(100) = 40$, und daraus folgt $23^{41} \equiv 23^{40}\cdot 23^1 \equiv 1\cdot 23 \equiv 23 \mod 100$.

n) (i) Es ist $\mathrm{ggT}(7, 10) = 1$ und $\varphi(10) = 4$. Mit dem Satz von Euler folgt $7^{287} \equiv (7^4)^{71}\cdot 7^3 \equiv 1^{71}\cdot 343 \equiv 3 \mod 10$. Die letzte Dezimalziffer von 7^{287} ist also 3. In (ii) sind $\mathrm{ggT}(9, 100) = 1$ und $\varphi(100) = 40$. Wie in (i) berechnet man $9^{442} \equiv (9^{40})^{11}\cdot 9^2 \equiv 1^{11}\cdot 9^2 \equiv 81 \mod 100$. Die beiden letzten Ziffern lauten 81.

o) Es ist $\varphi(7) = 6$ und $Z_7^* = \{1, 2, 3, 4, 5, 6\}$. Nachrechnen ergibt $\mathrm{ord}_7(1) = 1$, $\mathrm{ord}_7(2) = 3$, $\mathrm{ord}_7(3) = 6$, $\mathrm{ord}_7(4) = 3$, $\mathrm{ord}_7(5) = 6$, $\mathrm{ord}_7(6) = 2$. Also sind 3 und 5 die einzigen primitiven Wurzeln in Z_7^*.

p) Es ist $\varphi(8) = 4$ und $\mathbb{Z}_8^* = \{1, 3, 5, 7\}$. Nachrechnen ergibt $\text{ord}_8(1) = 1, \text{ord}_8(3) = 2, \text{ord}_8(5) = 2, \text{ord}_8(7) = 2$. Daher besitzt $\mathbb{Z}_8^*$ keine primitive Wurzel.

Didaktische Anregung Der alte MaRT-Fall erfordert die Anwendung der Sätze 5.1 und 5.2 und stellt sicher den „Höhepunkt" dieses Kapitels dar. Es sollte darauf geachtet werden, dass möglichst alle Schüler die beiden Teile des Beweises zumindest nachvollziehen können. Übrigens kann man die Aussage des alten MaRT-Falls auch auf bestimmte andere Moduln m verallgemeinern, die keine Primzahlen sind.

q) Wir unterscheiden zwei Fälle:
Fall 1: $\text{ggT}(s, p-1) = 1$: Dann ist $s \in \mathbb{Z}_{p-1}^*$ (Kap. 5, Gl. (4.4)). Also existiert $t = s^{-1} (\text{mod } (p-1))$, d. h. $st = k(p-1) + 1$ für ein $k \in \mathbb{N}_0$. Für $x, y \in \mathbb{Z}_p^*$ gelte $x^s \equiv y^s \bmod p$. Aus dem Satz von Euler folgt $x \equiv x^{st} \equiv (x^s)^t \equiv (y^s)^t \equiv y^{st} \equiv y \bmod p$. Also ist $x = y$, und ψ_s ist injektiv. Da $\mathbb{Z}_p^*$ endlich ist, ist ψ_s auch bijektiv.
Fall 2: $\text{ggT}(s, p-1) = g > 1$: Dann ist $s = cg$ für ein $c \in \mathbb{N}$. Für alle $x \in \mathbb{Z}_p^*$ gilt $(x^s)^{\frac{p-1}{g}} = x^{cg\frac{p-1}{g}} = x^{c(p-1)} \equiv 1 \bmod p$ (Satz von Euler). Satz 5.2 (Satz von der primitiven Wurzel) garantiert die Existenz einer primitiven Wurzel $w \in \mathbb{Z}_p^*$. Wäre ψ_s bijektiv, existierte ein $x_0 \in \mathbb{Z}_p^*$ mit $x_0^s \equiv w \bmod p$, und es wäre $1 \equiv x_0^{s\frac{p-1}{g}} = w^{\frac{p-1}{g}} \bmod p$. Letzeres ist ein Widerspruch, da w eine primitiven Wurzel ist.
Damit ist gezeigt, dass ψ_s genau dann bijektiv ist, falls $s \in \mathbb{Z}_{p-1}^*$. Daher gibt es $\varphi(\varphi(p))$ solche Exponenten (= Anzahl der Zahlenreihen im Tapetenmuster).
Spezialfall $p = 101$: Es ist $\varphi(\varphi(101)) = \varphi(100) = \varphi(2^2 \cdot 5^2) = 40$.
Anmerkung: Alternativ kann man die Aufgabenstellung in die Frage überführen, ob die Kongruenz $sx \equiv 0 \bmod (p-1)$ nur eine Lösung in $\mathbb{Z}_{p-1}$ besitzt.

r) Aus Aufgabe q) folgt, dass die Tapete $256 \cdot \varphi(\varphi(257)) = 2^8 \cdot \varphi(256) = 2^8 \cdot 128 = 2^{15}$ Zahlen zwischen 1 und 256 enthält. Da jede Zeile eine Permutation der Zahlen $1, \ldots, 256$ ist, kommt 17 in jeder Zeile einmal, insgesamt also 128 Mal vor.

Mathematische Ziele und Ausblicke

Die Modulo-Rechnung wurde in den „Mathematischen Geschichten" schon mehrfach aufgegriffen und vertieft. In Kap. 4 und 5 wird vor allem Wert auf strukturelle Eigenschaften gelegt. Der Satz von Euler gehört zu den fundamentalen Ergebnissen in der elementaren Zahlentheorie und besitzt eine Vielzahl von Anwendungen; etwa in der Kryptographie (RSA-Algorithmus, Fermatscher Primzahltest etc.; vgl. z. B. (Paar et al., 2016)).

12 Musterlösung zu Kap. 6

Ungleichungen wurden bereits in den „Mathematischen Geschichten V“ (Schindler-Tschirner & Schindler, 2022a, Kap. 7) behandelt. Kap. 6 beginnt mit Standardtechniken, wobei die Lösung der Aufgaben d) und e) Oberstufenstoff benötigt. Danach wird die GM-AM-QM-Ungleichung wiederholt und an verschiedenen Aufgaben eingeübt. Für einige Schüler mag dies eine Wiederholung sein, für andere aber neu. Der Schwierigkeitsgrad der meisten Aufgaben ist höher als in den „Mathematischen Geschichten V“.

a) Auflösen nach x ergibt $13x > 7$, d. h. $x > \frac{7}{13}$. Also ist $L = \{x \in \mathbb{R} \mid x > \frac{7}{13}\}$.
b) Die quadratische Gleichung $x^2 - 16x - 57 = 0$ besitzt die Lösungen $x_1 = 19$, $x_2 = -3$, während $3x^2 - 15x + 12 = 0$ die Lösungen $x_1' = 1$, $x_2' = 4$ hat. D. h.

$$x^2 - 16x - 57 = (x - 19)(x + 3) < 0 \tag{12.1}$$

$$3x^2 - 15x + 12 = 3\left(x^2 - 5x + 4\right) = 3(x - 1)(x - 4) > 0 \tag{12.2}$$

Daher ist $L_1 = \{x \in \mathbb{R} \mid -3 < x < 19\}$ und $L_2 = \{x \in R \mid x < 1 \text{ oder } x > 4\}$.
c) Aus der mehrfachen Anwendung der zweiten binomischen Formel folgt

$$2x^2+2y^2+2z^2-2xy-2xz-2yz = (x-y)^2+(x-z)^2+(y-z)^2 \geq 0 \tag{12.3}$$

Dividiert man (12.3) durch 2 und addiert $(xy + xz + yz)$, erhält man (6.3).
d) Wir definieren die Funktion $g\colon [1, \infty) \to \mathbb{R}$ durch $g(x) = \frac{1}{j}$ für $x \in [j, j+1)$ für $j \in \mathbb{N}$. Also ist $g(x) \geq \frac{1}{x}$ für alle $x \in \mathbb{R}$ (Gleichheit nur für $x \in \mathbb{N}$). Daraus folgt

S. Schindler-Tschirner und W. Schindler, *Mathematische Geschichten VII – Extremwerte, Modulo und Beweise*, essentials,
https://doi.org/10.1007/978-3-662-67848-0_12

$$\sum_{j=1}^{n} \frac{1}{j} = \sum_{j=1}^{n} \int_{j}^{j+1} g(x)\,dx = \int_{1}^{n+1} g(x)\,dx > \int_{1}^{n+1} \frac{1}{x}\,dx = [\ln(x)]_1^{n+1} = \ln(n+1)\,. \tag{12.4}$$

e) Analog zu Aufgabe d) ist $\frac{1}{j} < \frac{1}{x-1}$ für $x \in [j, j+1)$, $j \geq 2$. D. h.

$$\sum_{j=1}^{n} \frac{1}{j} = 1 + \sum_{j=2}^{n} \frac{1}{j} < 1 + \int_{2}^{n+1} \frac{1}{x-1}\,dx = [\ln(x-1)]_2^{n+1} + 1 = \ln(n) + 1\,. \tag{12.5}$$

Didaktische Anregung Bei Ungleichungen kann der Kenntnisstand der Kursteilnehmer sehr unterschiedlich sein, beispielsweise weil einige Teilnehmer die „Mathematischen Geschichten V“ (Schindler-Tschirner & Schindler, 2021a), kennen. Abhängig von den Vorkenntnissen der Kursteilnehmer kann es sinnvoll sein, weitere Aufgaben zu stellen, die thematisch a)–e) ähneln.

Die Ungleichungskette (6.4) kann man mit dem harmonischen Mittel erweitern; siehe z. B. Engel (1998, S. 163). Es folgen typische Aufgaben zur GM-AM-QM-Ungleichung mit ansteigendem Schwierigkeitsgrad.

f) Aus der GM-AM-QM-Ungleichung folgt

$$\text{(AM-QM)} \qquad \frac{x}{2} + \frac{y}{2} \leq \sqrt{\frac{x^2+y^2}{2}} = \frac{1}{\sqrt{2}}, \qquad \text{Maximum für } x = y = \frac{1}{\sqrt{2}} \tag{12.6}$$

$$\text{(GM-QM)} \qquad \sqrt{xy} \leq \sqrt{\frac{x^2+y^2}{2}} = \frac{1}{\sqrt{2}}, \qquad \text{Maximum für } x = y = \frac{1}{\sqrt{2}} \tag{12.7}$$

Die Division durch 2 (Teilaufgabe (i)) und das Ziehen der Quadratwurzel (Teilaufgabe (ii)) ändert die Positionen der Maxima nicht. Einsetzen liefert die Maxima: (i) $2 \cdot \frac{1}{\sqrt{2}} = \sqrt{2}$, (ii) $\frac{1}{\sqrt{2}} \cdot \frac{1}{\sqrt{2}} = \frac{1}{2}$.

g) Aus der AM-QM-Ungleichung folgt $\frac{x+y+z}{3} \leq \sqrt{\frac{x^2+y^2+z^2}{3}}$. Gleichheit gilt genau dann, wenn $x = y = z = \frac{1}{3}$. Also ist $P = \left(\frac{1}{3}, \frac{1}{3}, \frac{1}{3}\right)$, und der minimale Abstand von E zum Koordinatenursprung beträgt $\sqrt{\left(\frac{1}{3}\right)^2 + \left(\frac{1}{3}\right)^2 + \left(\frac{1}{3}\right)^2} = \sqrt{\frac{1}{3}} = \frac{1}{\sqrt{3}}$.

h) Hier führt die GM-AM-Ungleichung zum Ziel: $\sqrt[3]{xy(2z)} \leq \frac{x+y+2z}{3} = \frac{6}{3} = 2$. Das Maximum nimmt $\sqrt[3]{xy(2z)}$ (nur) für $x = y = 2z = 2$ an. Also ist $P' = (2, 2, 1)$, und das gesuchte Maximum beträgt $2 \cdot 2 \cdot 1 = 4$.

i) Die Funktion $f(\cdot,\cdot)$ ist maximal, wenn der Exponent maximal ist. Der Exponent ist die Summe von Produkten gerader Potenzen von (xy). Da x^2y^2 nur von $|x|$ und $|y|$ abhängt, können wir uns bei der Suche nach dem Maximum zunächst auf den ersten Quadranten beschränken. Das Maximum kann auf keiner Koordinatenachse angenommen werden, weil dort $xy = 0$ ist. Es sei nun $0 < x_0, y_0$ und $2x_0^2 + 3y_0^2 = c < 1$. Für $x_1 = \frac{x_0}{\sqrt{c}}$, $y_1 = \frac{y_0}{\sqrt{c}}$ gilt $x_1y_1 = \frac{x_0y_0}{c} > x_0y_0$. Folglich wird das Maximum von xy auf $R = \{(x,y)|0 < x, y;\ 2x^2 + 3y^3 = 1\}$ (Rand der Ellipse) angenommen. Wendet man die GM-QM-Ungleichung auf $a_1 = \sqrt{2}x$ und $a_2 = \sqrt{3}y$ an, so folgt

$$\sqrt{\sqrt{2}x\sqrt{3}y} \le \sqrt{\frac{\left(\sqrt{2}x\right)^2 + \left(\sqrt{3}y\right)^2}{2}} = \sqrt{\frac{2x^2 + 3y^2}{2}} = \sqrt{\frac{1}{2}} \quad \text{für } (x,y) \in R. \tag{12.8}$$

Gleichheit gilt genau dann, falls $\sqrt{2}x = \sqrt{3}y$, d. h. falls $y = \sqrt{\frac{2}{3}}x$. Einsetzen in die Ellipsengleichung liefert $2x^2 + 3y^2 = 2x^2 + 2x^2 = 4x^2 = 1$, d. h. $x = 1/2$ und $y = 1/\sqrt{6}$ folgt. Also nimmt $f(\cdot,\cdot)$ sein Maximum an den vier Punkten $(\pm\frac{1}{2}, \pm\frac{1}{\sqrt{6}})$ an. Einsetzen ergibt schließlich das gesuchte Maximum:

$$e^{\left(\frac{1}{2}\right)^2\left(\frac{1}{\sqrt{6}}\right)^2 + \left(\frac{1}{2}\right)^4\left(\frac{1}{\sqrt{6}}\right)^4} = e^{\frac{1}{4}\cdot\frac{1}{6} + \frac{1}{16}\cdot\frac{1}{36}} = e^{\frac{25}{576}} \approx 0{,}043\,. \tag{12.9}$$

Die verbleibenden Aufgaben sind etwas schwieriger, weil zunächst ein Vorabschritt notwendig ist, bevor die GM-AM-QM-Ungleichung angewandt werden kann. Aufgabe j) ist auch deshalb interessant, weil eine Alternativlösung mit Hilfe von (Schul)-Analysis besprochen wird. Prinzipiell könnten die Aufgaben k) und l) auch mit (Hochschul)-Analysis gelöst werden (Lagrange-Multiplikatoren).

j) Aus der GM-QM-Ungleichung ($n = 3$, mit $a_1 = a_2 = \frac{x}{\sqrt{2}}$, $a_3 = y$) folgt

$$\sqrt[3]{\frac{x^2y}{2}} = \sqrt[3]{\frac{x}{\sqrt{2}}\cdot\frac{x}{\sqrt{2}}\cdot y} \le \sqrt{\frac{\left(\frac{x}{\sqrt{2}}\right)^2 + \left(\frac{x}{\sqrt{2}}\right)^2 + y^2}{3}} = \frac{\sqrt{\frac{x^2}{2} + \frac{x^2}{2} + y^2}}{\sqrt{3}} = \frac{1}{\sqrt{3}} \tag{12.10}$$

Die Funktion $h(x,y)$ nimmt ihr Maximum also für $\frac{x}{\sqrt{2}} = y$ an. Aus $x^2 + y^2 = 1$ ($(x,y) \in K_2$) folgt $x = \sqrt{\frac{2}{3}}$, $y = \frac{1}{\sqrt{3}}$, und das gesuchte Maximum ist $\frac{2}{3}\cdot\frac{1}{\sqrt{3}} = \frac{2}{3\sqrt{3}}$.

Anmerkung: Diese Aufgabe kann alternativ auch mit Hilfe der Analysis gelöst werden: Für $(x, y) \in K_2$ ist $x = \sqrt{1-y^2}$, $0 < y < 1$. Gesucht ist das globale Maximum der Funktion $g\colon (0,1) \to \mathbb{R}$, $g(y) := (1-y^2)y$. Es ist $g'(y) = 1 - 3y^2$, und $g'(y)$ besitzt nur die Nullstelle $y = \sqrt{\frac{1}{3}}$. Wegen $g''(y) = -6y < 0$ handelt es sich um ein lokales Maximum. Wegen $\lim_{y\to 0} g'(y) = \lim_{y \to 1} g'(y) = 0$ nimmt $g(y)$ ihr globales Maximum an der Stelle $y = \frac{1}{\sqrt{3}}$ an.

k) Mit den Erkenntnissen aus Aufgabe j) ist die Lösung des alten MaRT-Falls nicht mehr schwierig. Dazu wenden wird GM-QM-Ungleichung für $n = 6$ an; und zwar sind $a_1 = x$, $a_2 = a_3 = \frac{y}{\sqrt{2}}$, $a_4 = a_5 = a_6 = \frac{z}{\sqrt{3}}$.

$$\sqrt[6]{\frac{xy^2z^3}{2\cdot 3\cdot\sqrt{3}}} = \sqrt[6]{a_1\cdots a_6} \le \sqrt{\frac{a_1^2+a_2^2+a_3^2+a_4^2+a_5^2+a_6^2}{6}} = \tag{12.11}$$

$$\sqrt{\frac{x^2+2\left(\frac{y}{\sqrt{2}}\right)^2+3\left(\frac{z}{\sqrt{3}}\right)^2}{6}} = \sqrt{\frac{x^2+y^2+z^2}{6}} = \frac{1}{\sqrt{6}} \tag{12.12}$$

Aus Satz 6.1 folgt ferner, dass der Wert $\frac{1}{\sqrt{6}}$ genau dann angenommen wird, wenn $a_1 = \ldots = a_6$ gilt. Daraus folgen $x = \frac{z}{\sqrt{3}}$ und $y = \frac{\sqrt{2}z}{\sqrt{3}}$. Aus $(x, y, z) \in K_3$ folgt $x^2 + y^2 + z^2 = z^2\left(\frac{1}{3} + \frac{2}{3} + 1\right) = 1$, d.h. $z^2 = \frac{1}{2}$, so dass $F(\cdot,\cdot,\cdot)$ sein Maximum nur für $(x, y, z) = (\frac{1}{\sqrt{6}}, \frac{1}{\sqrt{3}}, \frac{1}{\sqrt{2}})$ annimmt. Einsetzen ergibt schließlich das gesuchte Maximum für xy^2z^3, nämlich $\frac{1}{\sqrt{6}} \cdot \frac{1}{\sqrt{3}^2} \cdot \frac{1}{\sqrt{2}^3} = \frac{1}{12\sqrt{3}}$.

l) Nach den Vorarbeiten ist die Lösung nicht mehr schwierig. Man wendet die GM-QM-Ungleichung für $n = r + u + v$ an, und zwar für $a_1 = \ldots = a_r = \frac{x}{\sqrt{r}}$, $a_{r+1} = \ldots = a_{r+u} = \frac{y}{\sqrt{u}}$, $a_{r+u+1} = \ldots = a_{r+u+v} = \frac{z}{\sqrt{v}}$. Dann ist $a_1^2 + \cdots + a_{r+u+v}^2 = x^2 + y^2 + z^2 = 1$, und das Funktionsmaximum wird nur angenommen, falls $\frac{x}{\sqrt{r}} = \frac{y}{\sqrt{u}} = \frac{z}{\sqrt{v}}$. Umformen liefert $x = \sqrt{\frac{r}{v}}z$ und $y = \sqrt{\frac{u}{v}}z$. Aus der Normierungsbedingung $1 = x^2 + y^2 + z^2 = z^2\left(\frac{r}{v} + \frac{u}{v} + \frac{v}{v}\right)$ folgt $z = \sqrt{\frac{v}{r+u+v}}$, und Einsetzen ergibt $x = \sqrt{\frac{r}{r+u+v}}$ und $y = \sqrt{\frac{u}{r+u+v}}$. Hieraus folgt das gesuchte Maximum: $\sqrt{\frac{r^r u^u v^v}{(r+u+v)^{r+u+v}}}$.

Mathematische Ziele und Ausblicke

vgl. Kap. 13.

Musterlösung zu Kap. 7

13

Kap. 7 setzt Kap. 6 thematisch fort. Die Schüler lernen die Rearrangement-Ungleichung und die Cauchy-Schwarz-Ungleichung kennen und anzuwenden. Die Aufgaben a) und b) knüpfen an Kap. 6 an.

Didaktische Anregung Der alte MaRT-Fall in Kap. 7 ist ungewöhnlich, da es nicht um die Lösung eines einzelnen, schwierigen Problems geht. Stattdessen wenden die Schüler verschiedene Techniken an und vergleichen die Ergebnisse. Es bietet sich an, den alten MaRT-Fall in kleinen Gruppen zu bearbeiten.

a) Wir erweitern die Aufgabenstellung zunächst auf Paare (x, y) reeller Zahlen, wobei $x, y \in [1, s-1]$ gilt. Es ist $x^x y^y$ dort minimal, wo auch $\log(x^x y^y) = x\log(x) + y\log(y)$ minimal ist. Es ist $y = s - x$ (Nebenbedingung). Ableiten der Funktion $f\colon [1, s-1] \to \mathbb{R}$, $f(x) = x\log(x) + (s-x)\log(s-x)$ ergibt

$$f'(x) = x\frac{1}{x} + \log(x) - (s-x)\frac{1}{s-x} - \log(s-x) = \log\left(\frac{x}{s-x}\right) \quad (13.1)$$

Aus Gl. (13.1) folgt $f'(x) < 0$ auf $(1, \frac{s}{2})$, $f'(\frac{s}{2}) = 0$, und $f'(x) > 0$ auf $(\frac{s}{2}, s-1)$. In Aufgabe a) sind jedoch nur ganzzahlige u, v zugelassen. Daraus folgt: Ist s gerade, nimmt der Term $u^u v^v$ sein Minimum für $(u, v) = (\frac{s}{2}, \frac{s}{2})$ an. Ist s ungerade, nimmt der Term $u^u v^v$ das Minimum für $(u, v) \in \{(\frac{s-1}{2}, \frac{s+1}{2}), (\frac{s+1}{2}, \frac{s-1}{2})\}$ an. Für $s = 10$ beträgt das Minimum $5^5 \cdot 5^5 = 9.765.625$.

b) Aus der AM-QM-Ungleichung mit $a_1 = w^2$, $a_2 = x^3$, $a_3 = y$ und $a_4 = z^5$ folgt

S. Schindler-Tschirner und W. Schindler, *Mathematische Geschichten VII – Extremwerte, Modulo und Beweise*, essentials,
https://doi.org/10.1007/978-3-662-67848-0_13

$$\sqrt{\frac{w^4 + x^6 + y^2 + z^{10}}{4}} \geq \frac{w^2 + x^3 + y + z^5}{4} = \frac{8}{4} = 2 \tag{13.2}$$

Auflösen nach $w^4 + x^6 + y^2 + z^{10}$ liefert die Behauptung.

c) Setze $a_1 := x, a_2 := y, b_1 := \frac{1}{y^3}$ und $b_2 := \frac{1}{x^3}$. Dann sind a_1, a_2 und b_1, b_2 entweder beide aufsteigend oder beide absteigend sortiert. Aus der Rearrangement-Ungleichung folgt dann

$$\frac{x}{y^3} + \frac{y}{x^3} = a_1 b_1 + a_2 b_2 \geq a_1 b_2 + a_2 b_1 = \frac{x}{x^3} + \frac{y}{y^3} = \frac{1}{x^2} + \frac{1}{y^2}. \tag{13.3}$$

d) Das $\leq$-Zeichen in (13.4) folgt aus der Rearrangement-Ungleichung, da c_1, c_2, c_3, c_4 und $\sin(80°), \sin(70°), \sin(20°), \sin(10°)$ absteigend sortiert sind. Die übrigen Schritte folgen aus elementaren Eigenschaften der Sinus- und Cosinusfunktion.

$$\begin{aligned}
&c_1 d_1 + c_2 d_2 + c_3 d_3 + c_4 d_4 \leq \\
&\cos(10°) \cdot \sin(80°) + \cos(20°) \cdot \sin(70°) + \cos(70°) \cdot \sin(20°) + \cos(80°) \cdot \sin(10°) \\
&= \cos(10°)^2 + \cos(20°)^2 + \sin(20°)^2 + \sin(10°)^2 = 2
\end{aligned} \tag{13.4}$$

e) Es bezeichne $c'_1, \ldots, c'_n$ eine Permutation von $b_1, \ldots, b_n$, für die $c'_i > c'_j$ für ein Paar (i, j) gilt $(i < j)$. Durch $c''_k = c'_k$ für $k \notin \{i, j\}$, $c''_i = c'_j$ und $c''_j = c'_i$ erhalten wir eine weitere Permutation von $b_1, \ldots, b_n$. Es ist

$$\begin{aligned}
S'' - S' &= \left(a_1 c''_1 + \cdots + a_n c''_n\right) - \left(a_1 c'_1 + \cdots + a_n c'_n\right) = \\
&a_i c''_i + a_j c''_j - a_i c'_i - a_j c'_j = \left(a_j - a_i\right)\left(c'_i - c'_j\right) \geq 0 ,
\end{aligned} \tag{13.5}$$

da $a_j - a_i, c'_i - c'_j \geq 0$. Ausgehend von $b_1, \ldots, b_n$ konstruiert man durch paarweises Vertauschen von Folgengliedern schrittweise Permutationen von $b_1, \ldots, b_n$, für die die kleinste Zahl an erster, die zweitkleinste Zahl an zweiter Stelle steht usw., bis eine aufsteigend sortierte Permutation $c_1, \ldots, c_n$ erreicht ist. Wegen (13.5) wird die Summe S niemals kleiner, womit (7.1) bewiesen ist.

f) Der Beweis von (7.2) verläuft analog wie der von (7.1), nur dass hier schrittweise eine monoton fallende Permutation von $b_1, \ldots, b_n$ konstruiert wird.

g) Setze $a_1 = x, a_2 = y, a_3 = z$ und $b_1 = \frac{1}{x}, b_2 = \frac{1}{y}, b_3 = \frac{1}{z}$. Wir können o. B. d. A annehmen, dass $0 < x \leq y \leq z$ gilt. Andernfalls vertauschen wir die Indizes der Folgen a_1, a_2, a_3 dass $a_1 \leq a_2 \leq a_3$ gilt, und in derselben Weise vertauschen wir auch die Indizes von b_1, b_2, b_3. Die a_j sind aufsteigend und die

b_j absteigend sortiert. Aus der Rearrangement-Ungleichung (7.2) folgt

$$\frac{x}{z}+\frac{y}{x}+\frac{z}{y}=a_1b_3+a_2b_1+a_3b_2\geq a_1b_1+a_2b_2+a_3b_3=\frac{x}{x}+\frac{y}{y}+\frac{z}{z}=3. \tag{13.6}$$

Die Aufgaben h) und i) illustrieren typische Anwendungen der Cauchy-Schwarz-Ungleichung: Man stellt die Zielgröße in der Form $a_1b_1+\cdots+a_nb_n$ dar, wobei es einfach sein sollte, die Summen $a_1^2+\cdots+a_n^2$ und $b_1^2+\cdots+b_n^2$ zu berechnen

h) Setze $a_1=\sqrt{x-y}, a_2=\sqrt{x+y}, b_1=1$ und $b_2=1$. Aus der Cauchy-Schwarz-Ungleichung folgt die Behauptung:

$$\sqrt{x-y}+\sqrt{x+y}=a_1b_1+a_2b_2\leq\sqrt{\left(a_1^2+a_2^2\right)\left(b_1^2+b_2^2\right)}=\sqrt{2x\cdot 2}<\sqrt{16}=4 \tag{13.7}$$

i) (i) Es ist $K=\{(x,y,z)\in\mathbb{R}^3 \mid (x-1)^2+(y-2)^2+(z+3)^2=25\}$. Da jedes einzelne Quadrat ≤ 25 sein muss, folgt $x\in[-4,6]$, $y\in[-3,7]$, und $z\in[-8,2]$. Also ist $x^2+6z+48\geq 0^2-6\cdot 8+48=0$, $y^2-2x+16\geq 0^2-2\cdot 6+16=4$ und $z^2-4y+33\geq 0^2-4\cdot 7+33=5$, womit (i) gezeigt ist.
(ii) Es seien $a_1=\sqrt{x^2+6z+48}$, $a_2=\sqrt{y^2-2x+16}$, $a_3=\sqrt{z^2-4y+33}$ und $b_1=1$, $b_2=1$, $b_3=1$. Mit der Cauchy-Schwarz-Ungleichung folgt (13.8). Beachte: Auf der Kugeloberfläche K ist $(x-1)^2+(y-2)^2+(z+3)^2=25$.

$$f(x,y,z)\leq\sqrt{\sum_{j=1}^{3}a_j^2\sum_{j=1}^{3}b_j^2}=\sqrt{(x^2+6z+48+y^2-2x+16+z^2-4y+33)\cdot 3}=$$
$$\sqrt{((x-1)^2+(y-2)^2+(z+3)^2+83)\cdot 3}=\sqrt{(25+83)\cdot 3}=\sqrt{324}=18\,. \tag{13.8}$$

j) Aus der AM-QM-Ungleichung folgt

$$w(n)=n\left(\frac{\sum_{k=1}^{n}\sqrt{k}}{n}\right)\leq n\sqrt{\frac{\sum_{k=1}^{n}\sqrt{k}^2}{n}}=n\sqrt{\frac{n(n+1)}{2n}}=n\sqrt{\frac{n+1}{2}} \tag{13.9}$$

Für $1\leq j\leq n$ sei $a_j=\sqrt{j}$, $b_j=1$. Die Cauchy-Schwarz-Ungleichung ergibt

$$w(n)\leq\sqrt{\sum_{j=1}^{n}\left(\sqrt{j}\right)^2\cdot\sum_{j=1}^{n}1^2}=\sqrt{\frac{n(n+1)}{2}\cdot n}=n\sqrt{\frac{n+1}{2}} \tag{13.10}$$

Wie in Kap. 6, Aufgabe e), kann man $w(n)$ durch ein Integral abschätzen.

$$w(n) < \int_1^{n+1} \sqrt{x}\, dx = \left[\frac{2}{3}x^{3/2}\right]_1^{n+1} = \frac{2}{3}\left((n+1)^{3/2} - 1\right) \tag{13.11}$$

Die oberen Schranken in (13.9) und (13.10) sind gleich. Asymptotisch liefert (13.11) die beste Schranke. Dividiert man beide Schranken, erhält man:

$$\lim_{n\to\infty} \frac{\frac{2}{3}((n+1)^{3/2}-1)}{\frac{1}{\sqrt{2}}(n(n+1)^{1/2})} = \frac{2\cdot\sqrt{2}}{3}\lim_{n\to\infty}\frac{\left(\frac{(n+1)^{3/2}}{n^{3/2}} - \frac{1}{n^{3/2}}\right)}{\frac{n}{n}\cdot\frac{(n+1)^{1/2}}{n^{1/2}}} = \frac{2\cdot\sqrt{2}}{3}\cdot 1 \approx 0{,}943 \tag{13.12}$$

k) Aufgabe k) hat Inez bereits in Kap. 7 gelöst.
l) Die linke Ungleichung in (7.6) gilt, weil $\sqrt{x}$ streng monoton wächst. Es ist

$$\int_{k-0,5}^{k+0,5} \left(\sqrt{x} - \sqrt{k}\right) dx = \int_0^{0,5} \left(\sqrt{k+y} - \sqrt{k}\right) + \left(\sqrt{k-y} - \sqrt{k}\right) dy \tag{13.13}$$

für alle $k \in \mathbb{N}$. Gl. (13.13) folgt aus den Substitutionen $y = k - x$ (auf dem Intervall $(k - 0.5, k)$) und $y = x - k$ (auf dem Intervall $(k, k + 0, 5)$) und dem Zusammenfassen der Integranden. Durch Erweitern der beiden Summanden (3. binomische Formel!) folgt, dass der Integrand des rechten Integrals in Gl. (13.13) für $y \in (0; 0, 5]$ negativ ist:

$$\left(\sqrt{k+y} - \sqrt{k}\right) + \left(\sqrt{k-y} - \sqrt{k}\right) = \frac{y}{\sqrt{k+y}+\sqrt{k}} + \frac{-y}{\sqrt{k-y}+\sqrt{k}} \tag{13.14}$$

Damit ist (7.6) gezeigt, und es ist $u^*(n) = \int_{\frac{1}{2}}^{k+\frac{1}{2}} \sqrt{x}\, dx = \frac{2}{3}\left((n+\frac{1}{2})^{\frac{3}{2}} - (\frac{1}{2})^{\frac{3}{2}}\right)$.

Mathematische Ziele und Ausblicke

Kap. 6 und 7 vertiefen und erweitern die Inhalte aus Kap. 7 in (Schindler-Tschirner & Schindler, 2022a). Der Altergruppe angepasst, finden in Kap. 6 und 7 auch Techniken aus der Analysis Anwendung. Als weiterführende, schülergerechte Literatur wird auf (Meier, 2003) und (Engel, 1998, Kap. 7), verwiesen. Ungleichungen spielen u. a. in der Zahlentheorie, der Analysis, der Stochastik und bei geometrischen Fragestellungen eine wichtige Rolle.

Was Sie aus diesem *essential* mitnehmen können

Dieses Buch stellt sorgfältig ausgearbeitete Lerneinheiten mit ausführlichen Musterlösungen für eine Mathematik-AG für begabte Schülerinnen und Schüler in der Oberstufe bereit. In sechs mathematischen Kapiteln haben Sie

- mit vollständiger Induktion verschiedene Sachverhalte aus der Analysis bewiesen.
- das Schubfachprinzip, das Extremalprinzip und das Invarianzprinzip kennengelernt und selbstständig Beweise in unterschiedlichen mathematischen Gebieten geführt.
- lineare Kongruenzen gelöst, deren Struktur verstanden und den square & multiply-Algorithmus angewendet.
- die Eulersche φ-Funktion und den Satz von Euler kennengelernt und angewandt.
- verschiedene Techniken kennengelernt und Ihre Fähigkeiten vertieft, Ungleichungen zu lösen.
- gelernt, dass in der Mathematik Beweise notwendig sind, und Sie haben Beweise in unterschiedlichen Anwendungskontexten selbst geführt.

S. Schindler-Tschirner und W. Schindler, *Mathematische Geschichten VII – Extremwerte, Modulo und Beweise*, essentials,
https://doi.org/10.1007/978-3-662-67848-0

Literatur

Andreescu, T., Gelca, R., & Saul, M. (2009). *Mathematical olympiad challenges* (2. Aufl.). Birkhäuser.

Andreescu, T., & Enescu, B. (2011). *Mathematical olympiad treasures* (2. Aufl.). Birkhäuser.

Baron, G., Czakler, K., Heuberger, C., Janous, W., Razen, R., & Schmidt, B. V. (2019). *Österreichische Mathematik-Olympiaden 2009–2018. Aufgaben und Lösungen*. Eigenverlag.

Bartholomé, A., Rung, J., & Kern, H. (2010). *Zahlentheorie für Einsteiger. Eine Einführung für Schüler, Lehrer, Studierende und andere Interessierte* (7. Aufl.). Vieweg + Teubner Verlag.

Bauer, T. (2013). *Analysis – Arbeitsbuch. Bezüge zwischen Schul- und Hochschulmathematik – sichtbar gemacht in Aufgaben mit kommentierten Lösungen*. Springer.

Behrends, E., Gritzmann, P., & Ziegler, G. M. (Hrsg.). (2008). *π und Co. – Kaleidoskop der Mathematik*. Springer.

Beutelspacher, A. (2016). *Mathe-Basics zum Studienbeginn – Survival KIT Mathematik* (2. Aufl.). Springer.

Blinne, A., Müller, M. & Schöbel, K. (Hrsg.) (2017). *Was wäre die Mathematik ohne die Wurzel? Die schönsten Artikel aus 50 Jahren der Zeitschrift $\sqrt{\text{Die Wurzel}}$*. Springer Spektrum.

Dalwigk, F. A. (2019). *Vollständige Induktion. Beispiele und Aufgaben bis zum Umfallen*. Springer Spektrum.

Dangerfield, J., Davis, H., Farndon, J., Griffith, J., Jackson, J., Patel, M., & Pope, S. (2020). *Big Ideas. Das Mathematik – Buch*. Dorling Kindersley.

https://www.mathematik.de/schuelerwettbewerbe Webseite der Deutschen Mathematiker-Vereinigung. Zugegriffen: 29. Apr. 2023.

Engel, A. (1998). *Problem-solving strategies*. Springer.

Forster, O., & Lindemann, F. (2023). *Analysis 1* (13. Aufl.). Springer Spektrum.

Forster, O., & Wessoly, R. (2017). *Übungsbuch zur Analysis 1* (7. Aufl.). Springer Spektrum.

Glaeser, G., & Polthier, K. (2014). *Bilder der Mathematik* (2. Aufl.). Springer Spektrum.

Hilgert, I., & Hilgert, J. (2021). *Mathematik-ein Reiseführer* (2. Aufl.). Springer Spektrum.

Hoever, G. (2015). *Arbeitsbuch höhere Mathematik: Aufgaben mit vollständig durchgerechneten Lösungen*. Springer.

Hoever, G. (2020). *Höhere Mathematik kompakt: mit Erklärvideos und interaktiven Visualisierungen*. Springer.

Institut für Mathematik der Johannes-Gutenberg-Universität Mainz, Monoid-Redaktion. (Hrsg.). (1981–2023). Monoid – Mathematikblatt für Mitdenker. Institut für Mathematik der Johannes-Gutenberg-Universität Mainz, Monoid-Redaktion.

S. Schindler-Tschirner und W. Schindler, *Mathematische Geschichten VII – Extremwerte, Modulo und Beweise*, essentials,
https://doi.org/10.1007/978-3-662-67848-0

Jaeger, L. (2022). *Emmy Noether. Ihr steiniger Weg an die Weltspitze der Mathematik*. Südverlag.
Joklitschke, J., Rott, B., & Schindler, M. (2018). Mathematische Begabung in der Sekundarstufe II - die Herausforderung der Identifikation. In U. Kortenkamp & A. Kuzle (Hrsg.), *Beiträge zum Mathematikunterricht 2017* (S. 509–512). WTM-Verlag.
Kiehl, M. (2006). *Mathematisches Modellieren für die Sekundarstufe II*. Cornelsen Scriptor.
Kultusministerkonferenz (KMK). (2015). Förderstrategie für leistungsstarke Schülerinnen und Schüler. Bonn 2015. https://www.kmk.org/fileadmin/Dateien/veroeffentlichungen_beschluesse/2015/2015_06_11-Foerderstrategie-leistungsstarke-Schueler.pdf.
Löh, C., Krauss, S., & Kilbertus, N. (Hrsg.). (2019). *Quod erat knobelandum. Themen, Aufgaben und Lösungen des Schülerzirkels Mathematik der Universität Regensburg* (2. Aufl.). Springer Spektrum.
Mathematik-Olympiaden e.V. Rostock. (Hrsg.). (1996–2016). Die 35. Mathematik-Olympiade 1995/1996 – die 55. Mathematik-Olympiade 2015/2016. Hereus.
Mathematik-Olympiaden e. V. Rostock. (Hrsg.). (2017–2022). Die 56. Mathematik-Olympiade 2016/2017 – die 61. Mathematik-Olympiade 2021/2022. Adiant Druck.
Meier, F. (Hrsg.). (2003). *Mathe ist cool! Junior. Eine Sammlung mathematischer Probleme*. Cornelsen.
Menzer, H., & Althöfer, I. (2014). *Zahlentheorie und Zahlenspiele: Sieben ausgewählte Themenstellungen* (2. Aufl.). De Gruyter Oldenbourg.
Möhringer, J. (2019). *Begabtenförderung in der gymnasialen Oberstufe*. LIT Verlag.
Müller, E., & Reeker, H. (2001). *Mathe ist cool!. Eine Sammlung mathematischer Probleme*. Cornelsen.
Oswald, F. (2002). *Begabtenförderung in der Schule. Entwicklung einer begabtenfreundlichen Schule*. Facultas Universitätsverlag.
Paar, C., & Pelzl, J. (2016). *Kryptographie verständlich. Ein Lehrbuch für Studierende und Anwender*. Springer Vieweg.
Post, U. (2020). *Fit fürs Studium Mathematik*. Rheinwerk Verlag.
Reiss, K., Schmieder, G., & Schmieder, G. (2007). *Basiswissen Zahlentheorie*. Springer.
Rott, B., & Schindler, M. (2017). Mathematische Begabung in den Sekundarstufen erkennen und angemessen aufgreifen, Ein Konzept für Fortbildungen von Lehrpersonen. In J. Leuders, T. Leuders, S. Prediger, & S. Ruwisch (Hrsg.), *Mit Heterogenität im Mathematikunterricht umgehen lernen* (S. 235–245). Springer Fachmedien.
Schiemann, S. (geb. Wichtmann). (Hrsg.). (2009). *Talentförderung Mathematik: ein Tagungsband anlässlich des 25-jährigen Jubiläums der Schülerförderung*. LIT Verlag.
Schindler-Tschirner, S., & Schindler, W. (2019a). *Mathematische Geschichten I – Graphen, Spiele und Beweise. Für begabte Schülerinnen und Schüler in der Grundschule*. Springer Spektrum.
Schindler-Tschirner, S., & Schindler, W. (2019b). *Mathematische Geschichten II – Rekursion, Teilbarkeit und Beweise. Für begabte Schülerinnen und Schüler in der Grundschule*. Springer Spektrum.
Schindler-Tschirner, S., & Schindler, W. (2021a). *Mathematische Geschichten III – Eulerscher Polyedersatz, Schubfachprinzip und Beweise. Für begabte Schülerinnen und Schüler in der Unterstufe*. Springer Spektrum.

Schindler-Tschirner, S., & Schindler, W. (2021b). *Mathematische Geschichten IV – Euklidischer Algorithmus, Modulo-Rechnung und Beweise. Für begabte Schülerinnen und Schüler in der Unterstufe*. Springer Spektrum.

Schindler-Tschirner, S., & Schindler, W. (2022a). *Mathematische Geschichten V – Binome, Ungleichungen und Beweise. Für begabte Schülerinnen und Schüler in der Mittelstufe*. Springer Spektrum.

Schindler-Tschirner, S., & Schindler, W. (2022b). *Mathematische Geschichten VI – Kombinatorik, Polynome und Beweise. Für begabte Schülerinnen und Schüler in der Mittelstufe*. Springer Spektrum.

Schindler-Tschirner, S., & Schindler, W. (2023b). *Mathematische Geschichten VIII – Stochastik, trigonometrische Funktionen und Beweise. Für begabte Schülerinnen und Schüler in der Oberstufe*. Springer Spektrum.

Schülerduden Mathematik I – Das Fachlexikon von A-Z für die 5. bis 10. Klasse (2011) (9. Aufl.). Dudenverlag.

Schülerduden Mathematik II – Ein Lexikon zur Schulmathematik für das 11. bis 13. Schuljahr (2004) (5. Aufl.). Dudenverlag.

Singh, S. (2001). *Fermats letzter Satz. Eine abenteuerliche Geschichte eines mathematischen Rätsels* (6. Aufl.). dtv.

Specht, E., Quaisser, E., & Bauermann, P. (Hrsg.). (2020). 50 *Jahre Bundeswettbewerb Mathematik. Die schönsten Aufgaben*. Springer Spektrum.

Specht, E., & Stricht, R. (2009). *Geometria – scientiae atlantis 1*. 440 + *mathematische Probleme mit Lösungen* (2. Aufl.). Koch-Druck.

Stewart, I. (2020). *Größen der Mathematik. 25 Denker, die Geschichte schrieben* (2. Aufl.). Rowohlt Verlag GmbH.

Strick, H. K. (2017). *Mathematik ist schön: Anregungen zum Anschauen und Erforschen für Menschen zwischen 9 und 99 Jahren*. Springer Spektrum.

Strick, H. K. (2018). *Mathematik ist wunderschön: Noch mehr Anregungen zum Anschauen und Erforschen für Menschen zwischen 9 und 99 Jahren*. Springer Spektrum.

Strick, H. K. (2020a). *Mathematik ist wunderwunderschön*. Springer Spektrum.

Strick, H. K. (2020b). *Mathematik – einfach genial! Bemerkenswerte Ideen und Geschichten von Pythagoras bis Cantor*. Springer Spektrum.

Telekomstiftung. (2011). Frühstudium. Ein Vorhaben der Deutschen Telekom Stiftung zur Förderung von exzellentem MINT-Nachwuchs. https://www.telekom-stiftung.de/sites/default/files/buch_fruehstudium.pdf.

Tent, M. B. W. (2006). *The prince of mathematics: Carl Friedrich Gauss*. CRC Press.

Ullrich, H., & Strunck, S. (Hrsg.). (2008). *Begabtenförderung an Gymnasien. Entwicklungen, Befunde, Perspektiven*. VS Verlag für Sozialwissenschaften.

Walz, G. (Hrsg.). (2017). *Lexikon der Mathematik* (Bd. 1 - 5). Springer Spektrum.

Weitz, E., & Stephan, H. (2022). *Gesichter der Mathematik: 111 Porträts und biographische Miniaturen*. Springer.

Wurzel – Verein zur Förderung der Mathematik an Schulen und Universitäten e. V. (1967–2023). Die Wurzel – Zeitschrift für Mathematik. https://www.wurzel.org/.

Zehnder, M. (2022). *Mathematische Begabung in den Jahrgangsstufen 9 und 10. Ein theoretischer und empirischer Beitrag zur Modellierung und Diagnostik*. Springer Spektrum.

Printed in the United States
by Baker & Taylor Publisher Services